VERSTÄNDLICHE WISSENSCHAFT

NEUNUNDFÜNFZIGSTER BAND

KOHLE

VON

WALTHER E. PETRASCHECK JR.

BERLIN · GÖTTINGEN · HEIDELBERG

SPRINGER-VERLAG

KOHLE

NATURGESCHICHTE EINES ROHSTOFFES

VON

WALTHER E. PETRASCHECK JR.

O. PROFESSOR FÜR GEOLOGIE UND LAGERSTÄTTENLEHRE
AN DER MONTANISTISCHEN HOCHSCHULE LEOBEN

1.–6. TAUSEND

MIT 64 ABBILDUNGEN

BERLIN · GÖTTINGEN · HEIDELBERG

SPRINGER-VERLAG

Herausgeber der Naturwissenschaftlichen Abteilung:
Prof. Dr. Karl v. Frisch, München

ISBN 978-3-642-87206-8   ISBN 978-3-642-87205-1 (eBook)
DOI 10.1007/978-3-642-87205-1

Vorwort

Gerne bin ich der Aufforderung des Herausgebers der Reihe „Verständliche Wissenschaft", Herrn Professor K. v. FRISCH gefolgt, den vergriffenen Band „Kohle" vom Jahre 1940, dessen Verfasser K. A. JURASKY in den ersten Nachkriegsjahren in Freiberg in Sachsen in tragischer Weise verschollen ist, neu zu bearbeiten. Ist doch die Kohle einer der wichtigsten bergbaulichen Rohstoffe, dessen Eigenschaften und Entstehung sehr wohl eine zusammenfassende Darstellung in einer allgemein verständlichen Weise verdient.

Eine völlige Neufassung des Buches war geboten, da in den letzten 15 Jahren die etwas erstarrte Vorstellung vom Werden der Kohle durch eine Fülle von neuen Spezialuntersuchungen in Bewegung geraten ist. Mehr als bisher haben die Geologen in vielen Ländern sich bemüht, die Entstehung und Umbildung der Kohlenlager im Rahmen der gesamten geologischen Vorgänge zu erklären. Dabei sind zum Teil Gegensätzlichkeiten zu einer rein chemischen Betrachtungsweise der Kohle erwachsen, welche darzustellen und auszugleichen ein reizvoller Versuch ist. Ferner sind bei der Lehre von der Kohle wie bei allen Themen einer angewandten Wissenschaft die Bande zwischen Theorie und Praxis mannigfach und eng verschlungen. Dies zu zeigen ist im Hinblick auf die unteilbare Ganzheit der Wissenschaft eine lohnende Aufgabe.

Die Einzelprobleme der Kohlengeologie sind auch vielen Fachgeologen und natürlich erst recht den anderen naturwissenschaftlich Interessierten ferner stehend. Es sind daher im Text vielfach die Namen daran beteiligter Forscher genannt und an Hand derselben in Verbindung mit den im Literaturverzeichnis genannten zusammenfassenden Büchern und Abhandlungen kann jeder Leser den Eingang in das spezielle Schrifttum finden.

Für die Überlassung von Abbildungen danke ich den Verlagen Glückauf Essen, Enke Stuttgart, Amt für Bodenforschung

Hannover, Umschau-Verlag Frankfurt a. M., Herrn Professor Dr. H. GALLWITZ in Halle, Frau Dr. TEICHMÜLLER, Krefeld, Herrn Dr. W. KLAUS, Wien, und der Rheinischen A. G. für Kohlenbergbau in Köln. Die Herstellung von Photographien von Stücken aus der Sammlung des Geologischen Institutes Leoben hat Herr Dr. H. KRUPARZ in dankenswerter Weise durchgeführt.

Leoben, im November 1955

W. E. Petrascheck

Inhaltsverzeichnis

I. Die Kohle als Energiequelle

Jährlich werden jetzt auf der Erde rund 1800 Millionen Tonnen Kohle gefördert. 1954 waren es 1500 Millionen Tonnen Steinkohle und 300 Millionen Tonnen Braunkohle. Aufgeschüttet gäbe diese Jahresförderung einen steilen Bergkegel von etwa 2½ km Durchmesser und 1200 m Höhe. Ein solcher Berg, der so hoch ist wie der Brocken im Harz, wird alljährlich verbrannt und die dabei frei werdende Wärme deckt zur Hälfte den Energieverbrauch der Menschheit.

Wir leben also im Kohlenzeitalter, wenn wir die Kultur- oder Wirtschaftsepochen nach den Energiequellen benennen. Dieses Zeitalter währt noch nicht lange. Es begann etwa um 1800 mit der Erfindung der Dampfmaschine. Aber noch vor 90 Jahren betrug die Weltkohlenproduktion nur 180 Millionen Tonnen, wovon 150 Millionen Tonnen auf Europa entfielen. In den früheren Jahrhunderten und Jahrtausenden, zurück bis zum Anbeginn der das Feuer benutzenden Menschheit, war der Rohstoff für Beheizung und Beleuchtung, für Gewerbe und Metallverhüttung das Holz. Die Kohle, weniger beliebt wegen des Geruches ihrer Verbrennungsgase, war nur in Ausnahmefällen gewonnen und verwertet.

Die früheste Erwähnung der Kohlen geht wohl auf Theophrast, Leiter der platonischen Akademie von 322—287 v. Chr., zurück, einen Nachfolger des Aristoteles, der ein scharfer naturwissenschaftlicher Beobachter war und als solcher auch der erste Begründer einer systematischen Botanik; er schreibt: „Unter den zerbrechlichen Steinen gibt es einige, die, wenn man sie ins Feuer bringt, wie angezündete Kohlen[1] werden und lange so verbleiben. Sie fangen Feuer, wenn man glühende Kohlen darauf wirft .... ihr Geruch aber ist sehr unangenehm ... Man findet sie in

---

[1] Gemeint sind Holzkohlen.

Ligurien und zu Elis auf den Bergen, über welche man nach Olympia geht. Ihrer bedienen sich die Schmiede."

Die Wiege der systematischen Ausnützung der Kohle dürfte England gewesen sein, wo man in den zutage ausstreichenden Flözen von Leicestershire steinzeitliche Geräte gefunden hat.

Auch in den Ruinen der römischen Siedlungen in England fanden sich Kohlenschlacken. Seit dem 9. Jahrhundert wird in zunehmendem Maße von der Verwendung der Kohle in England geschrieben. Heinrich III. übertrug 1239 den Bürgern von Newcastle das Recht des Kohlenbergbaues, gegen einen sehr hohen Zins — ein Zeichen für die damalige Wertschätzung der Kohle. Im 14. Jahrhundert war die Steinkohle im Hausbrand von London eingeführt gewesen und alsbald bedienten sich ihrer auch mannigfache Industrien.

Demgegenüber aber fand die Kohle am europäischen Kontinent langsam ihren Einzug. Im 12. Jahrhundert wurde im Zwickauer Revier in Sachsen und in Holland Kohle gewonnen. Die Anfänge des Ruhrbergbaues gehen auf das 14. Jahrhundert zurück.

Im 13. Jahrhundert war dagegen die Kohlengewinnung in Nordchina durchaus gebräuchlich.

War die Erfindung der Dampfmaschine und damit die Verwendung der Kohle als Treibstoff für den Weltverkehr ein Ereignis des vorigen Jahrhunderts, so ist die Begründung der chemischen Industrie auf der Basis der Kohle im wesentlichen in den letzten fünf Jahrzehnten erfolgt. Diese Industrie entwickelt sich zu immer größeren Möglichkeiten und selbst die Herstellung von Nahrungsmitteln aus Kohle ist gelungen. Demgegenüber geht der Anteil der Kohle an der Energieversorgung bereits merklich zugunsten anderer Quellen wie Elektrizität aus Wasserkraft, Erdöl und Erdgas zurück. Künftig wird auch die Atomenergie mitwirken. Der Zerfall von 1 g Uran gibt dieselbe Wärmemenge wie die Verbrennung von 2,5 Tonnen Kohle. Die Energiemenge, welche aus den bisher bekannten, im Boden liegenden Uranerzen gewonnen werden könnte, beträgt das Dreißigfache jener Energiemenge, die in den Weltvorräten von Kohle und Erdöl zusammen enthalten ist.

Der Anteil der Kohle am Gesamtenergieverbrauch der Vereinigten Staaten betrug im Jahre 1900 noch 90%, 1923 70% und

1953 nur mehr 33%. Westeuropa arbeitet noch zu 77% mit der Kohle, aber das Beispiel der USA weist in die kommende Richtung.

Die Inanspruchnahme zusätzlicher Energiequellen ist aus mehrfachen Gründen eine Aufgabe der Menschheit: die Zunahme der Bevölkerung zusammen mit der Steigerung ihrer technischen Bedürfnisse stellt immer höhere Anforderungen an die Kohlengewinnung. In jenem Zeitraum der letzten 150 Jahre, in welchem sich dank der technischen Erfindungen und der damit verbundenen Industrialisierung die Kohlenförderung Europas verzehnfacht hat, ist die Bevölkerungszahl dieses Erdteils fast dreimal so groß geworden. Kaum absehbar werden die Anforderungen werden, wenn immer weitere Volksteile in Asien westliche Ansprüche in Bezug auf Metalle, Zement, Chemikalien und Dampfenergie stellen. Dazu kommt, daß der energetische Wirkungsgrad der Kohlenverbrennung sehr gering ist. Unter energetischem Wirkungsgrad verstehen wir das Verhältnis von zugeführter und gewonnener Energie, also die Ausnützung des Energiegehaltes des Brennstoffes. Dieses Verhältnis beträgt bei einer modernen Dampflokomotive nur 6%, bei einem Dampfkraftwerk 30%; bei der Ofenheizung werden nur 10% der Wärme genützt. Wir werden also die Kohle immer mehr nach ihrer spezifischen Verwendbarkeit und nicht als einfachen Wärmespender gebrauchen müssen.

Die *Kohlenproduktion* der Erde wird zur Hauptsache von 3 Großgebieten getragen: Europa mit rund 590 Millionen Jahrestonnen Steinkohle, Nordamerika mit rund 480 Millionen Jahrestonnen und die Sowjetunion mit 230 Millionen Jahrestonnen; in Asien werden jährlich 130 Millionen Tonnen gefördert.

Die *Kohlenvorräte* der Erde sind demgegenüber anders verteilt: Amerika steht mit 1670 Milliarden Tonnen Steinkohle und 580 Milliarden Tonnen Braunkohle weit an der Spitze. An zweiter Stelle folgt Ost-Asien mit 550 Milliarden Tonnen Steinkohle. Die Sowjetunion wird auf 950 Milliarden Tonnen Steinkohle geschätzt, während in Europa 340 Milliarden Tonnen Steinkohle und 150 Milliarden Tonnen Braunkohle liegen.

Rein rechnerisch hätte die Menschheit als Ganzes — und ebenso Europa — nach dem Maß des heutigen Verbrauches noch für 1000—2000 Jahre Kohle. Für Europa würde dieser theoretische Vorrat für 500 Jahre reichen. Daß eine solche Rechnung unsicher ist, geht aus dem vorher Gesagten hervor. Überdies ist aber die Kohle in den verschiedenen Gebieten nicht gleich einfach gewinnbar. In den Vereinigten Staaten beträgt die durchschnittliche Dicke der gebauten Flöze 2 m bei einer mittleren gegenwärtigen Abbautiefe von 30—100 m, im Ruhrgebiet dagegen beträgt die mittlere Flözstärke nur 1 m bei einer Abbau-

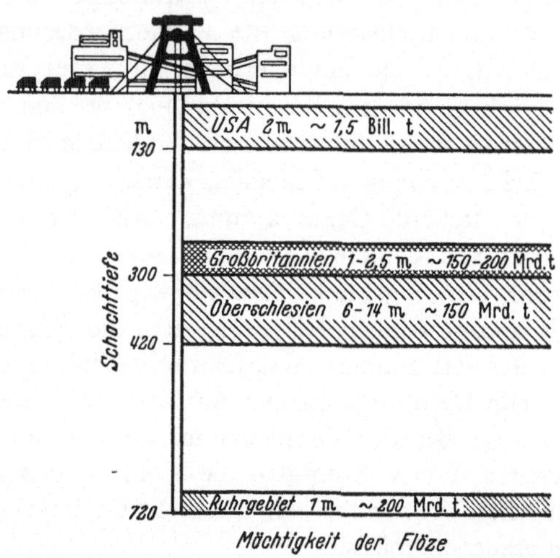

Abb. 1. Vergleichende Darstellung der gegenwärtigen Fördertiefen, der durchschnittlichen Flözmächtigkeit und der Kohlenvorräte von Ruhrgebiet, England, Oberschlesien und USA (nach KRIPPENDORF)

tiefe von rund 700 m (Abb. 1). Wir werden also auch mit diesem Rohstoff immer sparsamer und rationeller umgehen müssen, besonders in Westeuropa.

Es ist auch für die Zukunft der Menschheit bedeutungsvoll, daß die viel größeren Kohlenvorräte in China und der Mandschurei und nicht in Westeuropa liegen. Der Wert eines Kohlenlagers ist von seiner Transportlage zu den Zentren der Wirtschaft abhängig. Im Großen kann Kohle immer nur durch Schiff und Bahn verfrachtet werden; sind diese Verbindungen gestört, so gewinnen auch kleine Kohlenvorkommen Bedeutung. Das haben uns in Europa die Kriegs- und Nachkriegsjahre deutlich gezeigt.

Der Kohlenreichtum des deutschen Bodens ist eine wesentliche Ursache des raschen wirtschaftlichen Wiederaufstiegs Westdeutschlands nach dem zweiten Weltkrieg und des hohen Lebensstandards seiner Bevölkerung. Der Wert der jährlichen westdeutschen Steinkohlenförderung beträgt rund 5400 Millionen DM, der der Braunkohlenförderung 550 Millionen DM, zusammen also fast 6 Milliarden DM, die Jahr für Jahr aus dem Boden gehoben und der Bevölkerung zugeführt werden. Auf den Kopf der Einwohner der jetzigen westdeutschen Bundesrepublik kommen also alljährlich 130 DM aus dem Nationaleinkommen durch die Kohlengewinnung. Vergleichsweise kommen auf jeden Einwohner Österreichs nur 25 DM. Solche durch die Natur bedingten Vergleichszahlen müssen berücksichtigt werden, wenn man die wirtschaftlichen Leistungen verschiedener Länder gegeneinander abwägt.

Man sagt bisweilen, daß die Energie, welche wir bei der Verbrennung der Kohle gewinnen, eine vor vielen Jahrmillionen gespeicherte Sonnenenergie sei. Diese Aussage ist richtig, aber nicht ganz vollständig. Eine Überschlagsrechnung soll uns das zeigen.

Bekanntlich ist die Kohle aus der Substanz der Pflanzen früherer erdgeschichtlicher Zeiten entstanden. Die Pflanze baut aus Wasser und Kohlensäure mit Hilfe der Energie der Sonnenstrahlung ihren organischen Grundstoff auf. Das erfolgt nach der Gleichung:

$$6 \text{ Mol } CO_2 + 6 \text{ Mol } H_2O + 680 \text{ Cal} = 1 \text{ Mol } C_6H_{12}O_6 + 6 \text{ Mol } O_2.$$

Für die Bildung von 1 kg Zellulose sind demnach rund 3400 Kalorien nötig. Ein Kilo getrockneter Pflanzensubstanz enthält aber noch etwa 20% hygroskopisch gebundenes Wasser, so daß zur Bildung von 1 kg trockenen Grases oder Holzes 2700 Kalorien erforderlich sind. Wieviele kg Pflanzensubstanz haben nun 1 kg Steinkohle ergeben? Die Schätzung ist nicht sehr sicher. Man berücksichtigt den Anteil (angeblich) unlöslicher Aschenbestandteile, die aus der Pflanze in die Kohle übernommen wurden, den Verlust an Wasser, die bekannte und meßbare Schwindung des Volumens, die Erhöhung des spezifischen Gewichtes und kann so schätzen, daß zur Bildung von 1 kg Steinkohle mindestens 8 kg getrockneter Pflanzensubstanz nötig waren. Der Heizwert von 1 kg Steinkohle beträgt aber nicht 8mal 2700 Kalorien, sondern 8000 Kalorien, also viel weniger. Es ist also der größte Teil dieser „gespeicherten Sonnenenergie", mit der wir unsere Maschinen bewegen und unsere Räume erwärmen, im Laufe des erdgeschichtlichen Werdeganges der Kohle abhanden gekommen. Wie das zuging, das sollen uns die folgenden Kapitel von der Zusammensetzung und der Entstehung der Kohle zeigen.

II. Die Enträtselung der Kohlensubstanz

Die Kohlenarten

Die Kohle ist kein Mineral, also keine in der Natur vorkommende definierte chemische Verbindung, sondern sie ist ein *Gestein* und besteht somit aus einem von Kohlenart zu Kohlenart wechselnden Gemenge von Verbindungen. Bevor wir also von der chemischen Zusammensetzung der Kohle sprechen, müssen wir die verschiedenen Kohlenarten begrifflich fassen.

Seit langem unterscheidet man, besonders in Deutschland, Steinkohlen und Braunkohlen; man unterscheidet sie meist ohne Schwierigkeit nach dem Aussehen, dem Heizwert — und dem Preis. Die Farbe allein scheint ein ausreichendes äußeres Merkmal. Aber selbst in Deutschland, nämlich in Bayern, gibt es eine Kohle, die zwischen Braun- und Steinkohle zu stehen scheint: sie ist schwarz, hat einen höheren Heizwert als die braunen Braunkohlen, aber einen kleineren als die Steinkohlen und heißt Pechkohle. Noch häufiger sind solche Zwischenglieder in Ost- und Südosteuropa und im Nordteil der Vereinigten Staaten. Glaubt man in einem Fall ein chemisches oder physikalisches Unterscheidungsmerkmal gefunden zu haben, so gilt dieses im nächsten Fall schon wieder nicht. Es sind daher 3 *Hauptunterscheidungsmerkmale* gewählt worden, von denen selbst in Grenzfällen ja mindestens 2 für die eine oder andere Gruppe zutreffen müssen: es sind dies der Strich, die Ligninreaktion und die Huminreaktion.

Der *Strich* ist der Streifen von Kohlenpulver, der beim Reiben eines Stückes an einer weißen, rauhen Porzellanplatte entsteht. Bei Braunkohlen ist er meist braun, bei Steinkohlen schwarz. Die

Ligninreaktion wird durch Kochen von Kohlenpulver mit verdünnter Salpetersäure ausgeführt. Braunkohlen ergeben dabei eine rotbraune Lösung, Steinkohlen eine farblose. Bei der *Huminreaktion* wird die Kohle mit verdünnter Kalilauge gekocht und wiederum zeigt sich nur bei Braunkohle eine tiefbraune Färbung.

Innerhalb der *Braunkohlen* unterscheidet man schon nach dem Aussehen:

1. Erdige Weichbraunkohle; braun, bröckelig, mit dem Messer schneidbar. Vorkommen z. B. bei Köln und in Mitteldeutschland.

2. Stückige Weichbraunkohle; beim Trocknen nachdunkelnd, großstückig brechend (Vorkommen z. B. in Köflach in Steiermark).

3. Mattbraunkohle, schwarzbraun mit matt-schwarzen Streifen, hart (z. B. in Nordwest-Böhmen und im Lavanttal in Kärnten).

4. Glanzbraunkohle; schwarz glänzend, splitterig brechend, (z. B. in Fohnsdorf in Steiermark und in Oberbayern).

Bei den Steinkohlen hilft das Aussehen wenig für eine Unterteilung; sie sind alle schwarz und mehr oder weniger glänzend. Hier nimmt man das chemische Merkmal der flüchtigen Bestandteile, welche nach einer konventionell festgelegten Schnellmethode bestimmt werden. Gasflammkohlen haben 37—45% flüchtige Bestandteile, Gaskohlen 27—37%, Fettkohlen 17—27%, Eßkohlen 12—17%, Magerkohlen 8—12%, Anthrazit 4—8%. Erst der Anthrazit ist von den anderen Steinkohlen auch mit freiem Auge deutlich unterscheidbar: er ist härter und hat einen schon ein wenig ans Metallische erinnernden Glanz.

Die Reihenfolge, in der wir hier die Kohlenarten aufgezählt haben, ist eine solche nach zunehmender Reife, also zunehmendem Heizwert, abnehmendem Feuchtigkeits- und Gasgehalt. Am Anfang der Reihe steht der Torf, am Ende der Graphit.

Diese Stetigkeit der Änderung schon der äußeren Eigenschaften vom Torf über die Braunkohlen und die Steinkohlen bis zum Graphit ist eine unverrückbare Richtschnur für das Verständnis der Entstehung der Kohle.

An die anglikanische Klassifizierung, welche den scharfen Unterschied zwischen Braun- und Steinkohlen nicht aufstellt, paßt sich die neue deutsche Einteilung an, welche die Kohlen nach ihrem abnehmenden Bitumengehalt[1] reiht.

---

[1] Zur Erläuterung der Begriffe Bitumen und flüchtige Bestandteile siehe S. 19.

Neue Einteilung:	*Alte Einteilung:*
subbituminös	Weichbraunkohlen (Lignit)
	Mattbraunkohle
hochbituminös	Glanzbraunkohle (Pechkohle)
	Gasflammkohle
	Gaskohle
mittelbituminös	Fettkohle
gering bituminös	Eßkohle
anthrazitisch	Magerkohle
	Anthrazit

Daneben gibt es noch einige Sonderarten von Kohle, deren Eigenheiten zumeist auf besonderes pflanzliches Ausgangsmaterial zurückgehen.

Als *Xylit* (früher meist Lignit genannt) bezeichnet man die groben Stücke von deutlich als solchem erkennbaren Holz in den Weichbraunkohlenflözen (Abb. 2).

Schwelkohle ist demgegenüber eine sehr hellbraune und leichte Abart der Braunkohle mit hohem Bitumengehalt, welcher auf eine Anreicherung von Harz und Wachs zurückgeht; sie brennt leicht. Ähnlich bitumenreich ist eine matt-schwarze dichte Abart der Steinkohle, die sogenannte *Kännelkohle*, welche vorwiegend aus zusammengeschwemmten Pflanzensporen besteht. Die sogenannten *Bogheadkohlen* sind Algenkohlen. *Gagat* ist eine völlig dichte und harte Kohle, die aus humusdurchtränktem Holz entstanden ist. Er wird zu Schmuckstücken geschnitten und gedrechselt, z. B. in Erzerum in der Osttürkei.

Die pflanzlichen Gefügebestandteile der Kohle

Schon das Studium eines Braunkohlenflözes wirft ein klares Licht auf die pflanzliche Ursubstanz der Kohle. Das Mikroskop aber kann aus den scheinbar gestaltlosen Kohlebrocken geradezu Wunder herausholen. Man nimmt dafür kleine Stückchen und schleift sie mit feinem Schmirgelpulver auf Platten, bis sie durchsichtig werden und zwischen Glasplättchen eingekittet werden können, oder man schleift sie nur einseitig an und poliert die Fläche auf Hochglanz.

Dünnschliffe von den Braunkohlen und wenig gereiften Steinkohlen, polierte Anschliffe von völlig undurchsichtigen reiferen

Abb. 2. Xylit, Holz aus einem Weichbraunkohlenflöz aus Köflach (Sammlung Geolog. Inst. Leoben)

Steinkohlen sind die Untersuchungsobjekte der mikroskopischen Kohlenpetrographie.

Sehr oft zeigt ein gewöhnliches Stück Steinkohle schon bei Betrachtung mit freiem Auge einen lagenhaften Wechsel von glänzenden und matten Streifen (Abb. 3). Die ersteren nennt man Glanzkohle oder Vitrit, die letzteren Mattkohle oder Durit. Dazwischen finden sich manchmal dünne Lagen oder kleine Nester einer schwarz-seidig glänzenden Substanz, die besonders spröde ist und bei der leisesten Berührung den Finger schwärzt; es ist die Faserkohle oder der Fusit.

Das mikroskopische Studium dieser 3 Streifenarten zeigt, daß sie aus verschiedenen Gefügebestandteilen aufgebaut sind, welche in gewisser Hinsicht den Mineralkomponenten eines Gesteins vergleichbar sind, aber keine chemisch definierten Verbindungen sondern bestimmte pflanzliche Bestandteile sind.

Die *Glanzkohle* besteht vorwiegend aus einer fast homogen erscheinenden Substanz, welche bei mikroskopischer Betrachtung im auffallenden Licht gut reflektiert, im durchfallenden

Abb. 3. Streifenkohle (nach P. Kukuk)

Licht gleichmäßig braun erscheint, aber bei wenig gereiften Kohlen oder nach Ätzung noch eine Zellenstruktur erkennen läßt, die ihren Ursprung eindeutig aus Holz und Rinde verrät. (Abb. 4) Dieser Gefügebestandteil heißt *Vitrit*. Wie leicht verständlich, sind ihm bisweilen Harzkörperchen eingelagert, die im Dünnschliff goldgelb erscheinen (Resinit). Die Streifen von Glanzkohle sind flachgedrückte Zweige und Äste, die in den Mooren der Vorzeit eingebettet und bei der Zersetzung aufgeweicht wurden. Aus der hochwertigen Hartbraunkohle von Fohnsdorf und Leoben in Steiermark kann man solche Glanzkohlenlinsen mit elliptischem Querschnitt und Holzmaserung herauslösen. Gelegentlich erscheinende Koniferenzapfen lassen keinen Zweifel an dem Holz-Ursprung der Kohle aufkommen (Abb. 5). Bisweilen

10

finden sich, besonders in Braunkohlen erkennbar, auch Äderchen einer hochglänzenden, schwarzen Substanz, bei der keinerlei Zellenstruktur sichtbar gemacht werden kann. Es ist eine besondere

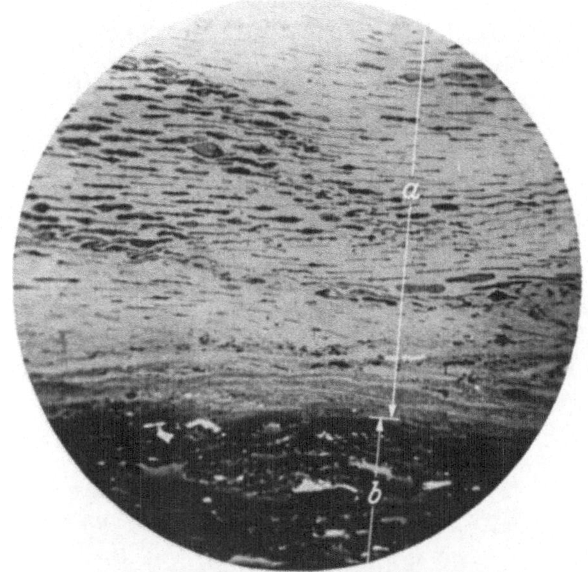

Abb. 4. Vitrit (Glanzkohlenbestandteil) mit Holzzellenbau (nach P. Kukuk)
(*a* Vitrit; *b* Durit)

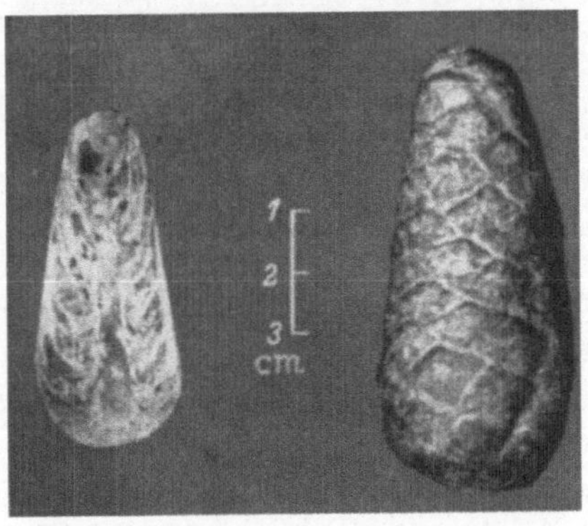

Abb. 5. Koniferenzapfen im Glanzbraunkohlenflöz von Leoben in Steiermark
(Sammlung Geolog. Inst. Leoben)

Abart der Glanzkohle, der *Collinit*, der aus ausgetrockneten Kolloiden entstanden ist.

Die *Mattkohlenstreifen* lassen unter dem Mikroskop eine Anhäufung von Sporen (Exinit Abb. 6) und bisweilen auch Blatt-

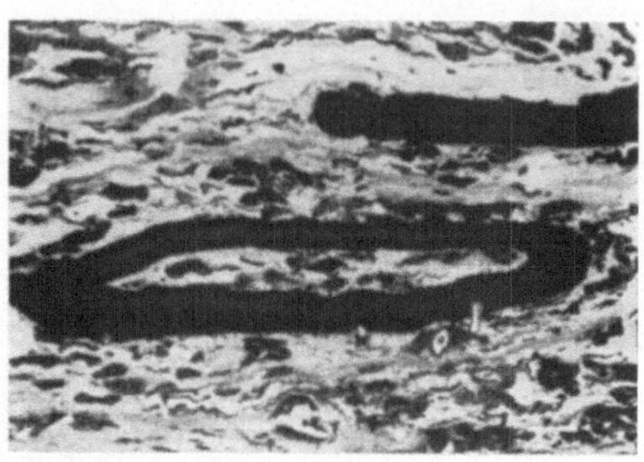

Abb. 6. Durit (Mattkohlenbestandteil) mit Sporen (nach M. TEICHMÜLLER aus FREUND)

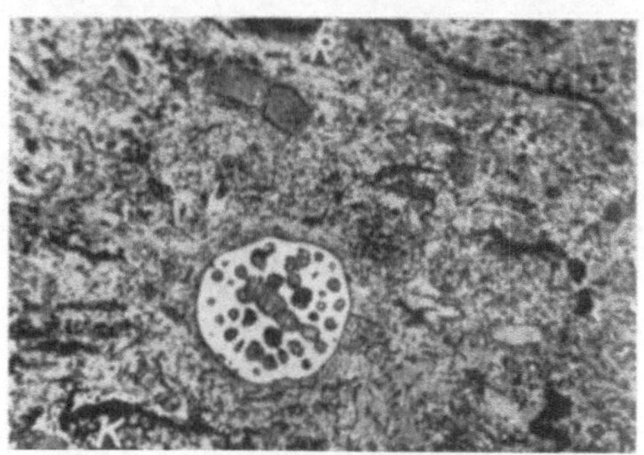

Abb. 7. Sklerotien, kugelige Dauerform von Pilzen in der Kohle (nach M. TEICHMÜLLER aus FREUND)

häuten und Pilzanhäufungen (Sklerotien, Abb. 7) erkennen. Die Sporen scheinen im Dünnschliff rotbraun durch, im Anschliff zeigen sie sich als etwas härtere, graue längliche Gebilde, die in der Kohle flach zusammengedrückt sind. Je nach der Art der Grundmasse unterscheiden die Kohlenpetrographen 2 Arten von Mattkohle: *Clarit* mit Sporen in vitritischer, *Durit* mit Sporen in homogener, undurchsichtiger Grundmasse. Die Mattkohle

hat gewöhnlich einen höheren Gehalt an tonigen Aschenbestandteilen. Sie ist also aus Pflanzensubstanz entstanden, die in feuchtem
Milieu zusammengeschwemmt wurde. Der hohe Anteil an Sporen,

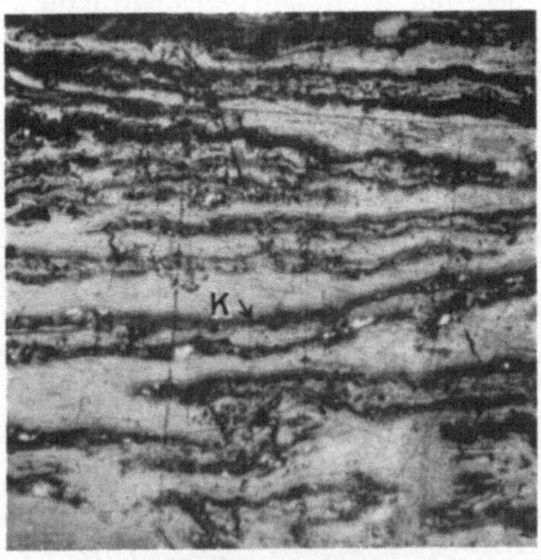

Abb. 8. Laubblätter in Braunkohle von Krotoschin (nach M. TEICHMÜLLER)
(*K* Kutikulen = Blatthäute)

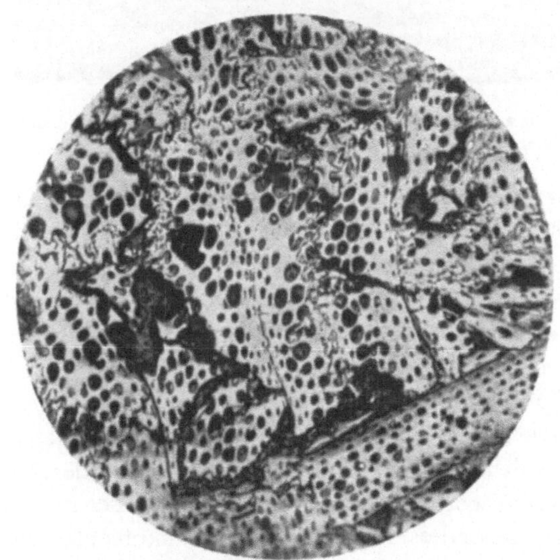

Abb. 9. Fusit aus Steinkohle (nach P. KUKUK)

Pollen und Wachs verleiht ihr einen höheren Prozentsatz an „flüchtigen Bestandteilen", die als Gas und Teer bei der Verkokung entweichen.

Der *Fusit* läßt die ursprüngliche Holzstruktur am allerbesten erkennen, besonders im Reliefanschliff nach einer von dem deutschen Kohlenpetrographen E. STACH für die Mikroskopie entwickelten Methode (Abb. 9 und 10). Die Zellwände reflektieren hell und die offenen Zellhohlräume erscheinen schwarz. Da der

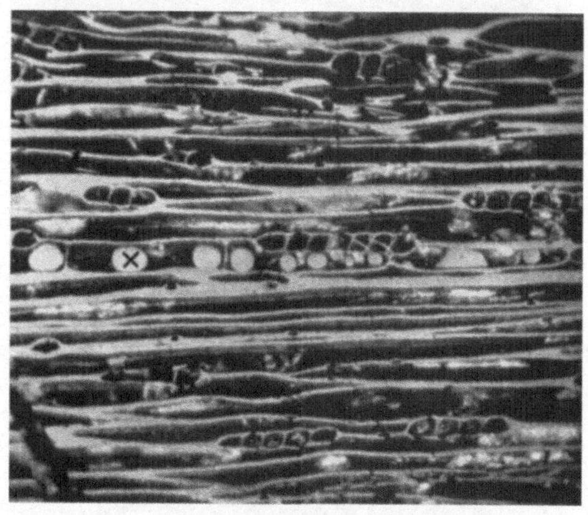

Abb. 10. Fusit aus Braunkohle, Tangentialschnitt durch Cypressenholz (nach M. TEICHMÜLLER) (× Harzkörner)

Fusit sehr spröde ist, sind die Zellen oft zerbrochen und ineinander geschoben. Die poröse Struktur des Fusits bewirkt, daß er vielfach mit jüngerer Mineralsubstanz durchtränkt, also sehr aschenreich ist. Deshalb sowie wegen des hohen Kohlenstoffgehaltes der fusitischen Zellwände ist dieser Gefügebestandteil meist ein unerwünschter Zusatz bei der Verkokung.

Über die Entstehung des Fusits ist schon sehr viel geschrieben worden. Die älteste Theorie erklärt ihn für Holzkohle aus Waldbränden, welche infolge von Selbstentzündung oder Blitzschlag hervorgerufen worden sind. In der Tat ähnelt der Fusit sehr der Holzkohle, besonders in den Weichbraunkohlenlagern, wo es auch Xylitstücke gibt, die nur oberflächlich angekohlt sind. Die oberösterreichischen Bergleute sprechen hier von „Brandlägen“. Aber die Waldbrandtheorie dürfte nicht überall zutreffen. Im Rußkohlenflöz von Zwickau in Sachsen ist der Fusitreichtum unterschiedlich in verschiedenen Schollen des flözführenden Gebirges, in Oberschlesien unterschiedlich in verschiedenen Flözen. Es ist kein Grund einzusehen, warum die Blitzschläge zeitlich oder regional so verschieden häufig gewesen sein sollten. Man hat auch die Bildung von fusitähnlicher Substanz unter besonderen Zersetzungsbedingungen von Pflanzen und Moder, bewirkt durch Pilzbefall, beobachtet.

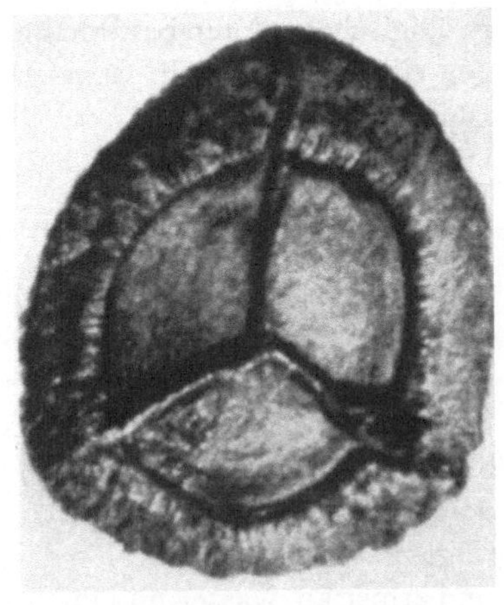

Abb. 11. Carbonspore (Sporites brasserti). (Nach Kühlwein u. Hoffmann aus Freund)

Durch einfache Präparationsmethoden kann man aus den gewöhnlichen Kohlenstücken auch Sporen (Abb. 11) und Pollen (Abb. 12) in großer Zahl herauslösen. Da vielfach bestimmte Flöze oder Flözgruppen

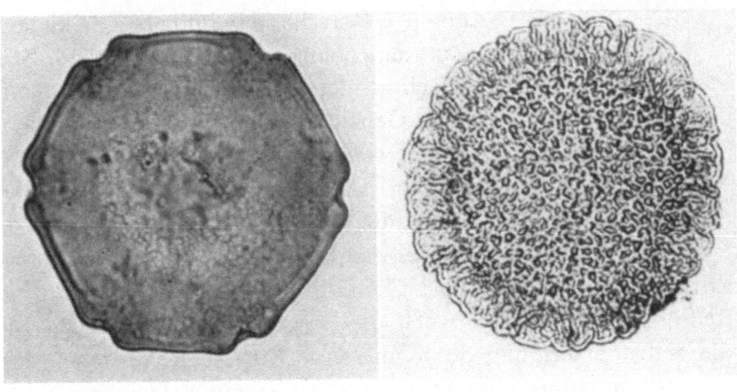

a   b

Abb. 12. Tertiäre Pollenkörner a Flügelnuß, Köflach, 1000fach, b Hemlockstanne, Hausruck 500fach (nach W. Klaus)

einen ihnen eigenen Inhalt von Sporen oder Pollen führen, entsprechend der im Laufe der Ablagerungszeit sich ändernden Vegetation, so dient die Sporen- und Pollenuntersuchung als Mikropaläobotanik in zunehmendem Maße zur genaueren geologischen Altersbestimmung der Flöze und ihrem gegenseitigen Vergleich, etwa bei Kohlenproben aus Tiefbohrungen.

Die Feinstruktur der Kohle

Man hat aber noch Genaueres über die Struktur der Kohle wissen wollen als das Mikroskop erkennen läßt. Die Röntgenstrahlen-Untersuchung und physiko-chemische Experimente haben gezeigt, daß die Kohle ein kolloidaler, bzw. halbkristalliner Stoff ist, aus kleinen Teilchen, sogenannten Mizellen bestehend, deren Durchmesser wenige Hunderttausendstel Millimeter beträgt. Je reifer eine Kohle ist, d. h. je fester, schwärzer, glänzender und ärmer an Wasser und flüchtigen Kohlenwasserstoffen sie ist, um so größer und regelmäßiger angeordnet sind diese Mizellen, bis sie sich schließlich dem Kristallgitter des Graphits nähern.

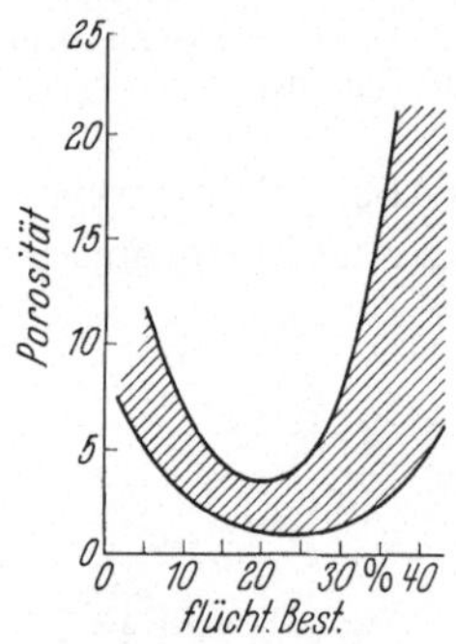

Abb. 13. Beziehung zwischen Reife und Porosität der Kohle (nach KING)

Eine Reihe von physikalischen Eigenschaften der Kohle stehen, wie besonders englische Forscher gezeigt haben, in klarem Zusammenhang mit ihrem Feinbau. Mit zunehmender Reife, also mit abnehmendem Gehalt an flüchtigen Bestandteilen, ändert sich die Porosität der Kohle und zwar so, daß sie bei etwa 20% flüchtigen Bestandteilen, d. h. im Stadium der Fettkohle, einen Mindestwert hat (Abb. 13).

Prinzipiell gleichartig wie die Reife-Porositäts-Kurve verläuft die Reife-Festigkeitskurve. Auch die Benetzungswärme, welche für die Selbstentzündung der Kohle eine gewisse Rolle spielt, hat bei 20% flüchtigen Bestandteilen ein Minimum. Demgegenüber ist die Verkokungsfähigkeit der Fettkohlen am größten und dies wird damit erklärt, daß die beim Verkohlungsprozeß

16

entstehenden Gase aus den besonders kleinen und engen Poren nicht entweichen können und darum die Kokskohle zum Erweichen und Treiben bringen.

Die optischen Eigenschaften der Kohle

Die Braunkohlen und z. T. auch noch die Gasflammkohlen werden nach einem von dem Amerikaner R. THIESSEN zur Vollendung entwickelten Verfahren in Dünnschliffen mikroskopiert, die Steinkohlen und z. T. auch die schwarzen Glanzbraunkohlen nach dem von dem Deutschen E. STACH ausgearbeiteten Verfahren im polierten Anschliff. Neuerdings hat M. TEICHMÜLLER für die kombinierte Beobachtung den polierten Dünnschliff eingeführt. Das Mikroskop hat nicht nur feinste pflanzliche Strukturen enthüllt, sondern auch optische Eigenschaften, welche auf die Umbildung der Kohlensubstanz Rückschlüsse zulassen.

Mit zunehmendem Reifegrad nimmt die Lichtdurchlässigkeit ab und steigt das Reflektionsvermögen bei auffallender Beleuchtung. Dabei werden besonders die Mattkohlenbestandteile, also vor allem die Sporen, glänzender, so daß sie sich immer weniger von der vitritischen Grundmasse abheben und bei Anthraziten erst im polarisierten Auflicht richtig sichtbar werden. Die optische Angleichung der Sporen und der anderen Mattkohlenbestandteile an den Vitrit vollzieht sich am stärksten an der Grenze zwischen den chemisch definierten Gruppen Gaskohle und Fettkohle. Hier ändert sich auch das Verhältnis der flüchtigen Bestandteile in den kohlenpetrographischen Gefügeelementen: von der Weichbraunkohle bis zur Gaskohle ist der Mattkohlenteil (Durit) reicher an flüchtigen Bestandteilen als der Glanzkohlenanteil (Vitrit); von der Fettkohle angefangen wird es umgekehrt. *Dieser optische und chemische Umwandlungspunkt in der Kohlenreihe heißt Inkohlungssprung.*

Eine noch nicht völlig geklärte Feststellung hat der englische Kohlenpetrograph C. A. SEYLLER gemacht: das Reflexionsvermögen des Vitrits nimmt mit der Reife in sehr kleinen, aber doch meßbaren Unstetigkeitsstufen zu.

Die Kohlen sind doppelbrechend. Bei der mikroskopischen Betrachtung unter gekreuzten Nicolschen Prismen zeigt sich, daß zumeist der eine Strahl parallel zur ursprünglichen Schichtung des Flözes, der zweite senkrecht dazu schwingt. Das ist offenbar auf eine *Spannungsdoppelbrechung* zurückzuführen, welche auf den vertikal wirkenden Belastungsdruck der die Kohle überlagernden Schichten zurückzuführen ist, als das Flöz durch lange Zeit horizontal lag. (In ähnlicher Weise kann z. B. Glas durch einen gerichteten Druck doppelbrechend gemacht werden.) Nur bei einigen wenigen Kohlen der Alpen und des Balkans wurde eine schief zur Schichtung orientierte Doppelbrechung festgestellt. Das kam in solchen Flözen zustande, welche schon bald nach ihrer Ablagerung bei einem noch kolloidalen Zustand der Kohle durch gebirgsbildende Kräfte schräg gestellt wurden und denen dabei eine schiefe Spannungsdoppelbrechung aufgeprägt wurde.

Die differentialthermische Untersuchung der Kohle

Seit 1950 wird in Nordamerika eine neue Methode zur Untersuchung der Wärmetönungen (d. h. des Freiwerdens oder des Verbrauches von Wärme) bei der Umwandlung von Stoffen im Zuge einer Erhitzung auch auf die Kohle angewendet. Es ist die differentialthermische Analyse. In den dabei gewonnenen Kurven bedeuten aufwärts gerichtete Spitzen, daß bei der betreffenden Temperatur eine Umwandlung stattfindet, bei welcher Wärme frei wird, abwärts gerichtete Spitzen, daß Wärme verbraucht wird. Eine vergleichende Untersuchung des Vitrites verschiedener amerikanischer Kohlenarten hat gezeigt, daß die wärmeliefernden Umwandlungen bei um so höheren Temperaturen einsetzen, je reifer die Kohle in ihrem Inkohlungsgrad ist (Abb. 14). Koks zeigt bei 1000⁰

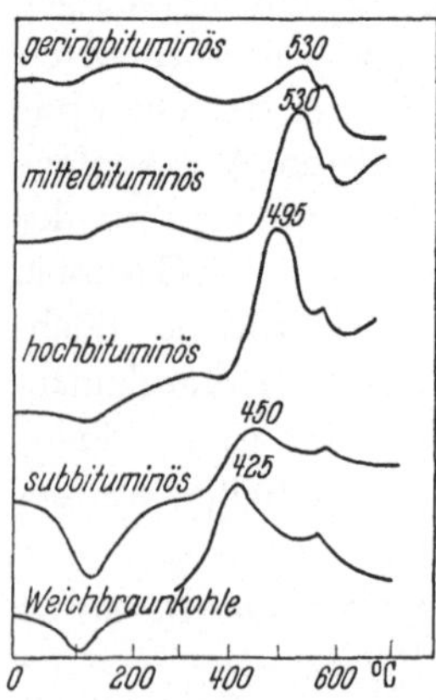

Abb. 14. Differentialthermogramme des Vitrits amerikanischer Kohlen (nach WHITEHEAD und KING)

keine Umwandlungen mehr. Man konnte mittels dieser Methode bestimmen, bis zu welcher Erhitzungstemperatur sich eine in

der Natur bereits vorerhitzte oder halbverkohlte Kohle um-
wandlunsgfrei verhält, also welcher Temperatur sie bereits
ausgesetzt war.

Die chemischen Baustoffe der Kohle

Was der Bergmann gewinnt, heißt *Rohkohle*. Sie enthält noch
Wasser und Asche. Will man Kohlen hinsichtlich ihrer organisch-
chemischen Zusammensetzung vergleichen, so muß man Wasser
und Asche abziehen. Das ergibt die *Reinkohlensubstanz*. Erhitzt
man eine gewogene Kohlenprobe unter Luftabschluß in einem
Tiegel, so entweichen brennbare Gase, (Leuchtgas) und Dämpfe,
die alsbald zu Teer kondensieren. Diese Stoffe heißen die *flüchtigen Bestandteile* und wenn man ihre Menge bei verschiedenen
Kohlen unter gleichen Voraussetzungen — das sind gleiche Erhitzungstemperatur und gleiche Erhitzungsdauer — bestimmt,
so erhält man charakteristische Kennziffern. Wir haben diese ja
auch schon bei der Definition der Steinkohlenarten verwendet.
Was nach Abdampfen des Wassergehaltes und nach dem Ab-
destillieren der flüchtigen Bestandteile übrig bleibt, ist der *Koks*.
Wenn man von diesem den Prozentsatz an Asche abzieht, so
nennt man den Rest den „*fixen Kohlenstoff*“. Je kleiner der Anteil
einer Kohle an brennbaren flüchtigen Bestandteilen ist, umso
höher ist er an fixem Kohlenstoff, also um so reifer ist die Kohle.
Es kann also auch der fixe Kohlenstoff als ein Gradmesser des
Reifegrades der Kohlen genommen werden.

Dagegen kann man durch verschiedene Extraktionsverfahren
gewisse organische Verbindungen, oder besser gesagt Gruppen
von solchen, bestimmen: In Benzol oder Pyridin ist das *Bitumen*
der Kohle löslich, welches bei den meisten Kohlen der Haupt-
träger der flüchtigen Bestandteile ist. Bitumen ist ein dem Erdöl
verwandter, aber fester Stoff. Es erscheint vorwiegend in den
Sporen, Pollen, Harz- und Wachsteilchen oder durchtränkt in
gestaltloser Weise bisweilen die ganze Kohlensubstanz. In kalter
Kalilauge löst sich dagegen die *Huminsäure*, welche in Torf und
Weichbraunkohlen reichlich vorhanden ist. Mit heißer Kalilauge
sind die *Humine* zu extrahieren, die für die reiferen Braunkohlen kennzeichnend sind. Huminsäuren und Humine sind

Umwandlungsprodukte aus Pflanzenhumus. Was nach all diesen Verfahren unlöslich übrig bleibt, ist die *Restkohlensubstanz*.

Über den Ursprung der Humine ist viel diskutiert worden. Sicher ist, daß der Hauptbaustoff der Pflanzen, die *Zellulose* mit zunehmendem Reifegrad der Kohlen verschwindet. Schon im Weichbraunkohlenholz, dem Xylit, ist nur mehr halb soviel Zellulose vorhanden wie im frischen Holz und in den Hartbraunkohlen ist sie nur sehr schwach nachweisbar. Die Zellulose wird in frühen Stadien der Pflanzenumwandlung, meist schon im Torfmoor, durch Bakterien vergoren und kann somit nicht wesentlich zur Bildung der Humuskohlen beigetragen haben. Hingegen ist das *Lignin*, welches ein natürlicher Versteifungsstoff des Holzes ist, in der Braunkohle stark angereichert und die chemische Verwandtschaft der Humuskohle mit dem Lignin läßt Rückschlüsse auf deren Herkunft zu.

Unter den definierten organischen Bestandteilen seien ferner die *Harze* erwähnt, welche bisweilen in Form großer bernsteinfarbener Einschlüsse, sehr oft aber in Form mikroskopisch kleiner Körnchen in der Kohle zu finden sind. Diese Kohlenharze können die Grundlage einer Lackherstellung geben. In seltenen Ausnahmefällen ist der grüne Farbstoff der Blätter, das *Chlorophyll* gefunden worden. Aus dem Kohlenflöz des Geiseltales bei Halle kann man noch deutlich grünliche Laubblätter freilegen, die durch rund 60 Millionen Jahre ihre Farbe bewahrt haben! An der Luft werden sie allerdings sehr schnell braun.

Die Elementarzusammensetzung der Kohle

Die Elementarzusammensetzung der Kohle ergibt sich aus ihrer pflanzlichen Herkunft. Kohlenstoff, Wasserstoff und Sauerstoff sind die Hauptelemente, Stickstoff und Schwefel erscheinen in wenigen Prozenten, manche Metalle können als Spurenelemente auftreten.

Die folgende Tabelle gibt die durchschnittliche Zusammensetzung verschiedener Brennstoffe in Gewichtsprozenten wieder:

	C	H	O	N
Holz	50	6	43	1
Torf	58	5,5	34,5	2

	C	H	O	N
Braunkohle	70	5	24	0,8
Steinkohle	82	4	12	0,8
Anthrazit	94	3	3	—
Graphit	98—100	2—0	—	—

Vom Holz bis zum Graphit ist also eine starke Anreicherung des Kohlenstoffs und eine Abnahme des Sauerstoffs und Wasserstoffs feststellbar. Noch deutlicher wird dies durch eine Dreiecksdarstellung der Kohle, wenn man C, O und H als die Eckpunkte eines gleichseitigen Dreiecks wählt, so daß in diesen Punkten jeweils 100% des betreffenden Elementes angenommen sind, während das Grubengas CH_4 auf der Seite C—H, das Kohlendioxyd CO_2 auf der Seite C—O und das Wasser auf der Seite H—O erscheinen. Die aus allen drei Elementen aufgebauten Kohlen liegen irgendwo innerhalb des Dreiecksfeldes. *Wenn man nun eine große Anzahl von Analysen verschiedenartiger Kohlen in das Dreieck einträgt, so zeigt es sich, daß sie alle einen kontinuierlichen schmalen Streifen besetzen, welcher zwischen dem Ausgangspunkt Holz und dem Dreieckspunkt C des reinen Graphits liegt* (Abb. 15). Die in dem früheren Kapitel beschriebenen Kohlenarten folgen in dem Streifen aufeinander. Die stetige Mittellinie des Streifens heißt nach H. APFELBECK die Inkohlungslinie. Sie läßt die allmähliche Abnahme des Sauerstoffs mit der Kohlenreifung erkennen. Zwischen Gas- und Fettkohlen fällt die Linie etwas steiler ab; hier wird mehr Wasserstoff entbunden. Das ist der Punkt des „Inkohlungssprunges". Die Bergwerke, in denen Gas- und Fettkohlen gewonnen werden, haben am meisten „Schlagende Wetter", also CH_4 in der Kohle.

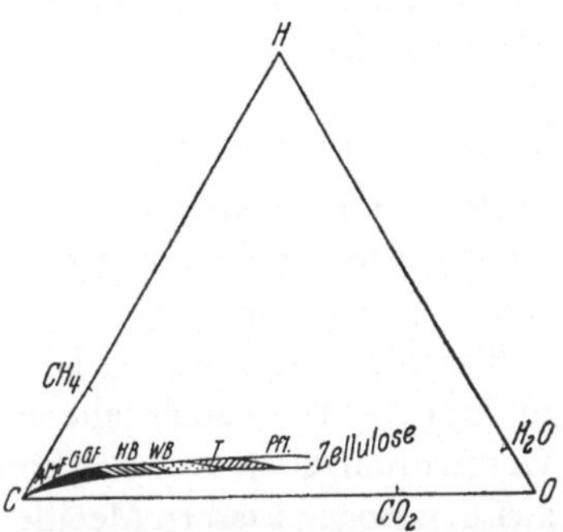

Abb. 15. Die Kohlenarten im Dreistoffdiagramm (nach H. APFELBECK). *Pfl.* Pflanzensubstanz, *T* Torf, *WB* Weichbraunkohle, *HB* Hartbraunkohle, *GF* Gasflammkohle, *G* Gaskohle, *F* Fettkohle, *M* Magerkohle, *A* Anthrazit

Der Stickstoff der Kohle stammt aus dem Eiweiß der Pflanzensubstanz. Er ändert sich nicht wesentlich mit der Inkohlung. Für die Ammoniakdarstellung in den Gasanstalten hat der Stickstoff der Kohle eine technische Bedeutung.

Der Schwefel ist nur zu einem kleineren Teil in organischer Bindung in der Kohle enthalten. Zur Hauptsache ist er in der mineralischen Asche als Schwefelkies oder als Gips vorhanden. Der Schwefel in der Kohle ist stets unerwünscht, da seine Verbrennungsprodukte einen Rauchschaden bewirken, die Destillationsgase verunreinigen oder die Hydrierung erschweren und weil er auch im Koks bei der Eisenverhüttung stört. Soferne er nicht durch spätere mineralisierende Lösungen in die Kohle eingedrungen ist, stammt er aus dem Eiweißgehalt der Zellen, wobei Schwefelbakterien oft eine anreichernde Wirkung ausgeübt haben dürften. Bemerkenswerterweise haben Kohlenflöze mit kalkigem Nebengestein meist einen besonderes hohen Schwefelgehalt, der bis 11% erreichen kann.

Bisweilen finden sich in der Kohle — und zwar keineswegs bloß in ihrer Asche — auch seltene Metalle wie Silber, Gold, Kupfer, Germanium, Uran u. a. Das kommt daher, weil die Pflanzen selbst aus den Bodenwässern Metalle anreichern, die dann bei der Umwandlung der Pflanzensubstanz zur Kohle wegen des Entweichens von Wasser, Kohlensäure und Methan relativ weiter konzentriert werden. Technisch ist davon in Ausnahmefällen das Germanium und künftig wohl auch das Uran interessant.

Wasser und Asche

In der Rohkohle hat das *Wasser* einen beträchtlichen Anteil. Die deutschen Weichbraunkohlen enthalten 50—60% Wasser und das ist ein wesentlicher Grund, warum man sie brikettiert. Denn es würde nicht wirtschaftlich sein, jährlich über 100 Millionen Tonnen Wasser mit der Bahn durch das Land zu führen und dabei noch eine starke Verminderung des Heizwertes der Kohle durch den Verbrauch der Verdampfungswärme in Kauf zu nehmen.

Bei den reiferen Kohlen ist der Wassergehalt kleiner. Mattbraunkohlen haben 25—15% Wasser, Glanzbraunkohlen 15—8%, und Steinkohlen nur ca. 2%. Man unterscheidet grob gebundenes, kapillares und adsorptiv gebundenes Wasser. Die beiden erstgenannten Gruppen werden durch Erhitzen bei 105^0 entfernt. Schon die Trocknung an der Luft bewirkt bei wasserreichen Kohlen einen Volumschwund; da dieser bei den Stücken von außen nach innen fortschreitet, werden zuerst die Hüllen der großen Kohlenbrocken rissig und bröckeln ab und schließlich zerfällt auch der Kern. In Österreich wird daher ein Trockenverfahren angewendet, bei dem die Weichbraunkohle zuerst in gesättigtem Dampf durch und durch bis in das Innere der Stücke erhitzt wird, wobei zugleich auch die Kolloidstruktur zerstört wird, und nachher beim Ablassen des Dampfes die Feuchtigkeit von innen und außen gleichzeitig entweicht; dadurch bleiben die Stücke ganz.

Die *Asche* der Kohle, d. h. ihr unverbrennlicher Bestandteil, geht auf 3 Herkunftsquellen zurück:

1. Gesteinsstaub und Nebengesteinsstücke, welche bei der Gewinnung als Verunreinigung in die Förderkohle kommen.

2. Eingelagerte Ton- und Quarzteilchen in der Kohle, die ursprünglich in den Kohlensumpf eingeschwemmt wurden und Mineralsubstanz — vor allem Dolomit und Schwefelkies —, die ursprünglich oder später sich im Flöz abgeschieden haben.

3. Der Mineralbestand der Pflanzen selbst, der bei manchen Gräsern zur Versteifung des Gerüstes nicht ganz unbedeutend ist.

Der erstgenannte Teil der Asche, der bei der Kohlenaufbereitung ausgeklaubt oder ausgeschieden wird, heißt in der Bergmannssprache „Berge". Der zweitgenannte Teil ist in der Kohle nicht gleichmäßig verteilt, sondern in den verschiedenen Gefügebestandteilen verschieden angereichert. Der aus Holz hervorgegangene Vitrit (Glanzkohle) ist am ascheärmsten; in den Mattkohlenstreifen, die meist zusammengeschwemmtes Materiel enthalten, tritt mehr Schieferton auf; der Fusit enthält in seinen Zellhohlräumen oft ausgeschiedenen Schwefelkies oder Phosphorit, wodurch er besonders bei Kokskohlen schädlich wird. Der Kaligehalt und vielleicht auch manche Spurenmetalle bewirken die gern verwendete Eigenschaft der Kohlenaschen als Düngemittel.

Die chemisch-mineralogische Zusammensetzung der Asche ist auch wichtig für deren Schmelzpunkt. Es ist bei einer Kesselkohle nicht gleichgültig, ob sie früh oder spät verschlackt.

Es gibt alle Übergänge zwischen aschenreichen Kohlen und kohligen Schiefern. In Mitteleuropa sind wir verwöhnt und dulden nur wenige Prozent „Berge" in der Kohle. Am Balkan aber werden Steinkohlen mit 30 und 40% Asche abgebaut und verkauft, weil die Transportlage das möglich macht. Es gibt auch kohlige Schiefer, die wertvoller sind als Kohlen, weil sie zu porösen Ziegeln gebrannt werden können. Nun sind aber Lagerstätten von Kohlen und von kohligen Schiefertonen besitzrechtlich anders zu behandeln; das Gewinnungsrecht der ersteren verleiht der Staat, das Gewinnungsrecht der letzteren gehört dem Grundeigentümer. Man muß daher eine Abgrenzung der Begriffe finden und so definiert man als Kohlen jene Gesteine, die nach Abzug des Wassers mindestens 50% brennbare kohlige Substanz haben.

Schlußfolgerungen aus der Betrachtung der Kohlensubstanz

Unser Studium der Kohle hat uns 2 Erkenntnisse gebracht: 1. *Die Kohle ist aus pflanzlichem Material entstanden.* Wenn J. PH. BÜNTING im Jahre 1693 noch schrieb (zitiert nach E. STACH): „Daß die Steinkohlen nichts anderes als in der Syntflut untergegangene Wälder und unter der Erde vermoderte Holzklötzer seyn sollen, ist eine sehr lächerliche und kindische raison, dadurch diese Leute an den Tag geben, daß sie wenig Bergwerke gesehen, viel weniger aber unter die Erde gekommen seyndt, und die mineras beschauet haben, denn ihre rationes und motiven haben gantz keinen Grund noch Verstand", so ist damit bewiesen, daß schon im 17. Jahrhundert der pflanzliche Ursprung der Kohle immerhin diskutiert worden war, und die späteren Untersuchungen, über die im Vorstehenden kurz berichtet worden war, haben jenen Recht gegeben, die von BÜNTING so böse abgekanzelt wurden.

Unter den Männern und Frauen, welche von 1830 bis heute die pflanzlichen Strukturen in der Kohle mikroskopisch oder dann im Einzelnen untersucht haben, seien besonders genannt: die Engländer W. HUTTON, C. A. SEYLER, M. STOPES, G. A. HICKLING, C. E. MARSHALL, die Deutschen R. GOEPPERT, H. F. LINK, C. v. GÜMBEL, W. GOTHAN, R. POTONIE, E. STACH, M. TEICHMÜLLER, die Franzosen GRAND'EURY, H. FAYOL, A. DUPARQUE, die Amerikaner C. E. JEFFREY, R. THIESSEN, G. H. CADY.

Tabelle der Eigenschaften der Kohlenarten.

	Farbe und Glanz	Spezif. Gewicht	Feinbau	Heizwert in Kalorien	Wasser %	Flüchtige Bestandteile %	Kohlenstoff %	Chemische Komponenten
Torf	braun stumpf	1,0	Pflanzenfasern u. Kolloidal	1500—2000	90—60		55—65	Zellulose Huminsäuren Lignin Bitumen
Weich-braunkohle	braun stumpf	1,2	Kolloidal	1800—3000	60—30	60—50	65—70	
Hart-braunkohle	braun bis schwarz Mattglanz	1,25		4000—7000	30—10	50—45	70—80	Humine Lignin Bitumen
Flamm- bis Fettkohle	schwarz Fettglanz	1,3	Kolloidal mit zunehmendem Anteil an ringförmigen schichtig geordneten Molekül-Gruppen	7000—8000	10—3	45—17	80—90	unlösliche Humine und Bitumen in abnehmendem Anteil
Eß- bis Magerkohle		1,35		8000—8500		17—7	90—93	
Anthrazit	schwarz Hochglanz	1,4—1,6		8500—9000	1—2	7—4	93—98	
Graphit	schwarz halbmetall. Glanz	2,2	Schichtgitter	prakt. nicht entzündbar	—	4—0	98—100	± reiner Kohlenstoff

Die zweite Erkenntnis, die wir aus den bisherigen Betrachtungen über den Rohstoff Kohle entnehmen konnten, ist die: *Es besteht eine geschlossene und stetige Reihe der verschiedenen Kohlenarten in Bezug auf fast alle ihrer physikalischen und chemischen Eigenschaften; am Anfangspunkt dieser Reihe steht der Torf, am Endpunkt der Graphit.*

Diese Reihe bezieht sich auf Farbe, Lichtdurchlässigkeit bzw. Reflexionsvermögen, Feinbau, spez. Gewicht, Heizwert, Wassergehalt, organische Hauptkomponenten, Elementarzusammensetzung und eine Reihe damit zusammenhängender Eigenschaften. Keine Erklärung des Werdens der Kohle darf diesen Zusammenhang übersehen.

Bevor wir nun aber weitere Schlüsse über die Bildung und Umbildung der Kohle ziehen wollen, müssen wir ihre Ablagerungsformen draußen in der Natur studieren. Wir wollen also das Laboratorium verlassen und die Kohlenflöze in den Tagbauen sowie im Rahmen ihres weiteren Verbandes in den Gebirgsschichten betrachten.

III. Die Voraussetzung zur Bildung der Kohlenlager

Die Anhäufung der Kohlensubstanz

Wir stehen am Rande eines der großen Braunkohlentagbaue der Niederrheinischen Bucht bei Köln und blicken hinab in eine vielleicht 1000 m lange und mehrere 100 m breite ausgebaggerte Hohlform, die in wenigen Stufen zu 100 m Tiefe abfällt. Die Wände der oberen Stufen sind gebildet von hellem Sand oder blaugrauem Ton, die tieferen aber zeigen eine 50 oder 70 oder gar 100 m mächtige Kohlenschicht, an deren steilen Wänden die Bagger nagen. Sehen wir uns in der Umgebung um, so bemerken wir in mehreren Kilometern Entfernung die Schornsteine und Gebäude, die zu anderen, ähnlichen Tagbauen gehören. Nehmen wir an, daß 4 solche Gruben in je 5 km Abstand voneinander sichtbar sind, die dasselbe Flöz von, sagen wir, 50 m Dicke abbauen, dann ist die zwischen diesen Tagbauen liegende flözführende Fläche 5000 × 5000 = 25 km² groß. 1 Quadratmeter Flöz liefert bei der angegebenen mittleren Dicke 50 Kubikmeter

Kohle oder rund 50 Tonnen Kohle (in Wirklichkeit ist es etwas mehr, aber man rechnet in der Praxis 1 m³ = 1 t). Unsere Flözfläche allein in diesem beschränkten Bezirk des Revieres enthält 1250 Millionen Tonnen Kohle! Ähnliche Bilder können wir in Sachsen oder in der Lausitz sehen (Abb. 16).

Abb. 16. Mächtiges Braunkohlenflöz der Grube Fortuna bei Köln (Photographie der Rhein. A. G. für Braunkohlenbergbau und Brikettfabrikation)

Wie kam diese ungeheuere Anhäufung pflanzlicher Substanz zustande? Wie konnte es zur kontinuierlichen Ablagerung einer 50, ja 100 m dicken Schicht pflanzlichen Stoffes kommen?

Gehen wir heute in dicht bewaldete Gebiete, auch in solche, wo das Holz nicht immer wieder geschlägert und weggeführt wird, sondern wo die Bäume, das Unterholz, die Farnkräuter und das Moos seit vielen Jahrtausenden wachsen und absterben, so sehen wir doch, daß der kleinste Wasserriß unter dem Waldboden helles Gestein freilegt, daß im Wurzelgeflecht der umgestürzten Bäume Steinbrocken oder Gerölle hängen, also, daß offensichtlich die seit vorgeschichtlichen Zeiten gelieferten abgestorbenen Pflanzenmassen keine entsprechend dicke Schicht gebildet haben;

gerade nur die obersten 10 oder 20 cm sind dunkel gefärbter humushaltiger Boden.

Die Erklärung ist die, daß die abgestorbene Pflanzensubstanz an der Oberfläche alsbald verwest, indem sie von Pilzen und Bakterien zersetzt wird, welche bei ihrem Lebensprozeß das daraus machen, woraus sie ursprünglich dank des eingangs erwähnten Aufbaus der organischen Materie durch das Sonnenlicht entstanden war: Kohlendioxyd und Wasser.

Gehen wir aber zu einem Torfmoor etwa des Alpenvorlandes oder Norddeutschlands, so sehen wir, wie aus einem feuchten und versumpften Gebiet eine mehrere Meter dicke Schicht von Torf gestochen wird, eines Stoffes also, der noch mit freiem Auge seinen pflanzlichen Ursprung erkennen läßt, der aber doch, wie wir im vorigen Abschnitt gesehen haben, in seinen Eigenschaften zur Kohle überleitet. Je tiefer wir in die Torfschicht hineingraben, umso schwärzer und homogener („speckiger“) wird sie, umso ähnlicher wird sie den unreifen Kohlen.

Warum aber blieb hier die Pflanzensubstanz erhalten? In den Torfmooren steht das Grundwasser hoch, oft knapp an der Oberfläche. Es dichtet gegen die Luft und ihren Sauerstoff ab und verhindert so die Zerstörung durch die Lebewesen, welche den Luftsauerstoff brauchen. Nur manche Kleinlebewesen — gewisse Pilze und Bakterien —, die man „anärob“ nennt, benötigen keinen Sauerstoff aus der Luft, sondern holen sich ihn aus dem Sauerstoff der organischen Stoffe selbst, die sie verzehren. Diese allein bewirken eine Zersetzung und Vergärung der vom Grundwasser bedeckten Pflanzensubstanz, welche dabei nicht nur ihre ursprüngliche Struktur mehr und mehr verliert, sondern vor allem immer ärmer an Sauerstoff und damit relativ reicher an Kohlenstoff, also auch schwärzer wird. *Dies ist der biochemische Vorgang der Vertorfung, das erste Stadium des Werdens der Kohle.*

Normalerweise aber wird die Verlandung eines flachen Wasserbeckens, seine allmähliche Auffüllung mit der vertorfenden Pflanzensubstanz nie ein auch nur annähernd so dickes Torflager ergeben, wie es den erwähnten mächtigen Braunkohlenflözen entspricht. Denn das Anwachsen des Torfes nach oben ist durch den Spiegel des abdichtenden Grundwassers begrenzt. Was sich dann auf dem torfigen Untergrund an Erlen und bei weiterer

Austrocknung an Kiefern ansiedelt, verfällt der beschriebenen Verwesung. *Damit die immer wieder neugebildete Pflanzensubstanz erhalten bleibt, muß der Boden langsam sinken, während der Sumpfwasserspiegel oder der oberflächennahe Grundwasserspiegel, dessen Lage durch das gesamte Gewässersystem der weiteren Umgebung bestimmt ist, dasselbe Niveau einhält.*

Eine solche Absenkung des Bodens erscheint dem mit menschlichen Maßen rechnenden Beobachter vielleicht unwahrscheinlich, ist aber dem Kenner der Erdgeschichte als eine gewöhnliche Erscheinung ganz vertraut. Nur auf solche Bodenschwankungen ist ja der ständige Wechsel von Land und Meer, den wir aus den Gesteinen und ihrem vorzeitlichen Lebensinhalt ablesen können, zurückzuführen. In einzelnen Gebieten können wir solche Bodensenkungen selbst in der vorgeschichtlichen oder geschichtlichen Zeitspanne der Menschheit feststellen: so z. B. an der friesisch-holländischen Küste, wo die Inseln versunkene Dünenkämme sind, oder in der Zaberner Senke des Oberrheins, wo in einem beschränkten Abschnitt der Strom auch nach seiner Regulierung immer wieder Sand und Schotter ablagert, weil sein Boden in diesem Abschnitt sinkt.

Wo also die Geschwindigkeit der Bodensenkung bei stets oberflächennah bleibendem Grundwasser gleich groß ist wie die Geschwindigkeit des Nachwachsens der Moorvegetation, dort werden die mächtigen Torflager bzw. späteren Kohlenflöze gebildet. Wenn die Absenkung aufhört, bleibt die nachwachsende Pflanzensubstanz nicht mehr erhalten. Wenn die Absenkung zu schnell wird, dann ertrinkt das Moor oder der Sumpfwald; es bildet sich ein offenes Wasserbecken, in welchem die Flüsse Sand und Schlamm ablagern, aus denen das „taube Gestein" entsteht. Bei Küstensümpfen dringt in solchen Fällen das Meer ein und beendet die weitere Torfbildung.

Man hat diesen Absenkungsvorgang in allen Einzelheiten an einem Braunkohlenflöz der Lausitz studiert. Das etwa 25 m mächtige Flöz der Grube „Anna Mathilde" zeigte eine große Anzahl aufrechtstehender sowie auch liegender fossiler Holzstämme zwischen der erdigen Weichbraunkohle. Die Holzstämme waren aber nicht gleichmäßig über die ganze Flözmächtigkeit verteilt, sondern fanden sich in einzelnen Schichten, den Stubbenhorizonten. Nach den sorgfältigen Beobachtungen von TH. TEUMER hatten die aufrechtstehenden Baumstümpfe, die „Stubben", innerhalb eines Horizontes stets die gleiche Höhe, waren also von einer horizontalen Fläche gekappt. Ferner ließ die erdige Braunkohle eine gewisse Schichtung, ausgedrückt durch einen Farbwechsel, erkennen. Hellere, gelbliche Schichten bildeten den Boden der Stubbenhorizonte, dunkelbraune Moorkohle lag zwischen den Stubben und darüber (Abb. 17).

Die helle Kohle ist eine Übergangsform zur Schwelkohle (siehe S. 8) und enthält verhältnismäßig mehr Wachs und Harz. Das aber sind gerade jene pflanzlichen Aufbaustoffe, welche gegenüber der Verwesung bei Luftzutritt besonders widerstandsfähig sind (harziges Holz ist z. B. länger bei der Auszimmerung der Stollen beständig). Die relative Anreicherung von Wachs und Harz in diesen Kohlenlagern ist also so zu erklären, daß der Torf, aus dem sie gebildet wurden, etwas durchlüftet war, wobei die übrige Pflanzensubstanz bereits stärker der Verwesung anheimfiel. Die hellen Lagen zeigten also etwas trockenere Perioden der Torfbildung an und während derselben bildete sich der Wald, dessen Reste als Stubbenhorizonte auf diesen

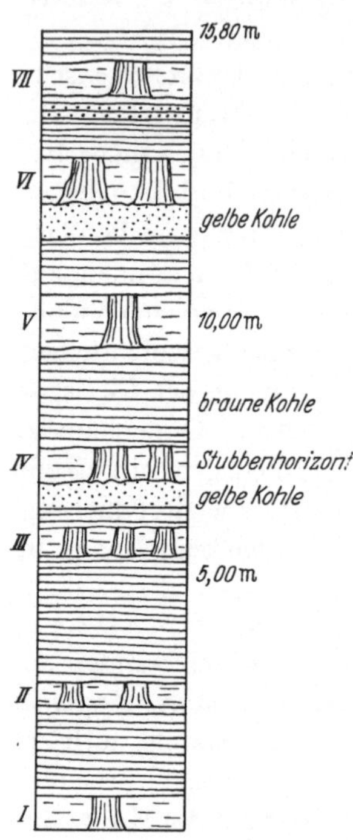

Abb. 17. Stubbenhorizonte und Flözausbildung in einem Lausitzer Braunkohlenflöz (nach TEUMER)

Lagen stehen. Dann aber folgte eine ruckartige rasche Senkung und das Wasser stieg bis zur Höhe der Stubben an und brachte den Wald zum Absterben. Die in die Luft herausragenden Teile der Bäume verfielen der Zerstörung, die vom Wasser abgedichteten Stümpfe blieben erhalten und wurden allmählich vom Torf eingehüllt und überwachsen, bis sich bei einer neuerlichen Verzögerung der Absenkung das Spiel wiederholte. So ist der zeitlich etwas unstetige Absenkungsvorgang erkennbar geworden —

eine Erscheinung, die auch aus anderen Schichtgesteinen bisweilen erschließbar ist.

Bei kurzfristiger stärkerer Absenkung bilden sich dünne Einschaltungen von Schlamm oder Sand in dem Torf, die späteren *tauben Mittel* in den Kohlenflözen.

Ein etwas anderer Senkungsvorgang spiegelt sich in vielen Steinkohlenbecken, aber auch in dem Revier der oberbayerischen

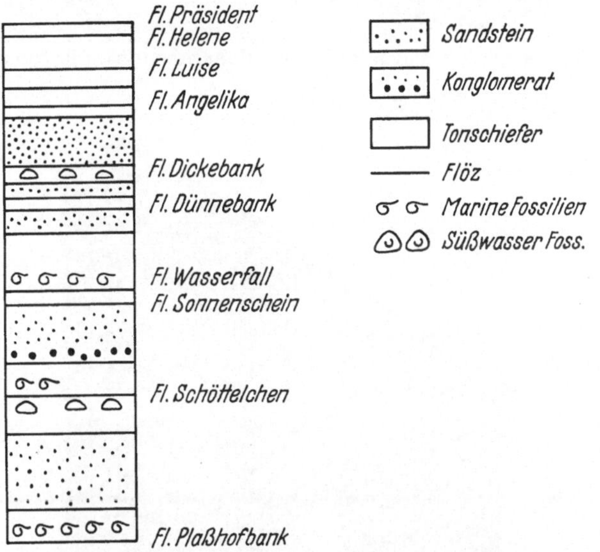

Abb. 18. Schichtfolge in den unteren Fettkohlenschichten des Ruhrgebietes (nach C. Hahne u. Mitarb.)

Glanzbraunkohle wider. Hier liegen zahlreiche, verhältnismäßig dünne Kohlenflöze in einer mächtigen Serie verschiedener Schichtgesteine eingebettet (Abb. 18). Im Ruhrgebiet ist diese flözführende Serie etwa 3000 m mächtig und in ihr liegen rund 100 Kohlenflöze in größerem oder kleinerem Abstand übereinander. Die Gesteine sind teils aus Süßwasserablagerungen entstanden, also aus Schlamm von Seen, der zu Tonschiefer wurde, oder aus Sand und Geröllagen von Flußbetten, die zu Sandstein und Konglomerat erhärteten, teils aber auch aus Meeresablagerungen mit den eindeutigen Resten von meerbewohnenden Tieren (Abb. 20). Im letzteren Falle war also offenbar eine viele

Kilometer breite und noch viel längere versumpfte und vermoorte
Küstenzone in einem langsamen und dauernden Sinken begriffen,
wobei aber der sinkende Raum immer wieder von Ablagerungen

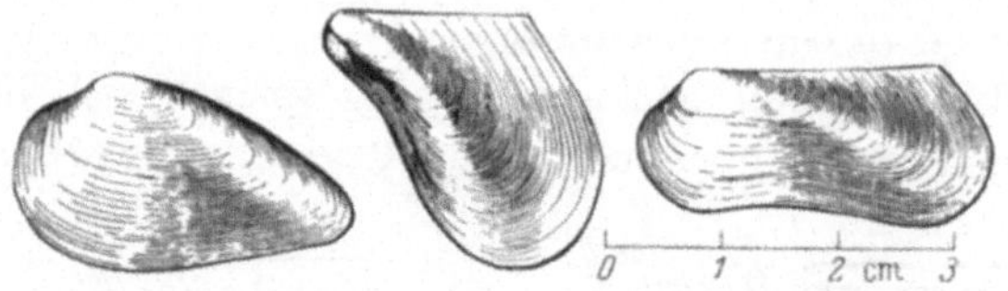

Abb. 19. Süßwassermuscheln aus dem Ruhrcarbon (nach P. Kukuk)

Abb. 20. Meeresmuschel (Aviculopecten) aus einem marinen Horizont des
Ruhrcarbons (Sammlung Geolog. Inst. Leoben)

aufgefüllt wurde, so daß die Landoberfläche stets ungefähr in der
Höhe des benachbarten Meeresspiegels blieb. Bei langsamer Senkung wucherten die üppigen Sumpfwälder, bei rascherem Sinken
bildeten sich Lagunen oder das Meer flutete zeitweise landeinwärts.

Man nennt solche im Küstenraum gebildete, durch marine Zwischenschichten gekennzeichnete Kohlenreviere *paralisch* (abgeleitet aus dem Griechischen: paralos = am Meer gelegen), während die innerhalb des Festlandes gebildeten Kohlenbecken, in denen nur Süßwasserablagerungen vorkommen, *limnisch* heißen (griechisch: limnos = der See).

Eine oft gestellte Frage ist, *welche Zeit wohl zur Bildung eines mächtigen Kohlenflözes nötig war.* M. SCHWARZBACH legt seiner

Abb. 21. Wurzelboden aus dem Liegenden eines Ruhrkohlenflözes (nach W. PETRASCHECK)

Schätzung die Wachstumsgeschwindigkeit heutiger Flachmoore zugrunde, die 0,5 mm pro Jahr beträgt. Demnach würden zur Bildung eines 10 m dicken Torflagers 20000 Jahre erforderlich sein. Da die Dicke einer Torfschicht bei der Umwandlung zur Kohle auf die Hälfte bis ein Drittel abnimmt, wäre demnach ein 10 m mächtiges Braunkohlenflöz in 50000 Jahren abgelagert worden. TH. TEUMER und R. LANG stützten sich bei ihren Berechnungen auf das Alter der Bäume in den vorerwähnten Stubbenhorizonten. Aus der Zählung der Jahresringe ergab sich dieses mit 1000—2000 Jahren. Ein Sumpfwald, welcher einem Stubbenhorizont entsprach, ist also in 2000 und mehr Jahren entstanden. Die gleiche Bildungsdauer wird für die Kohle zwischen den

Stubbenhorizonten angenommen. Daraus errechnen sich für 10 m
Kohle im Lausitzer Revier etwa 30000 Jahre Ablagerungsdauer.

Wir haben bei unseren Betrachtungen vorausgesetzt, daß die
Pflanzensubstanz der Flöze auch dort gebildet wurde, wo die
Kohle heute liegt, *daß die Kohlenflöze also bodenständig oder autoch-
thon sind.* Diese Auffassung war nicht immer unbestritten. Man

Abb. 22. Wurzelfasern im Liegenden des tertiären Braunkohlenflözes von
Häring in Tirol

vertrat früher vielfach die Ansicht, die Kohle sei aus zusammengeschwemmten Pflanzen gebildet worden, die an manchen Stellen
eines versumpften Flußsystems angehäuft seien. *Man nannte solche
Kohlenablagerungen bodenfremd oder allochthon.* So läßt z. B. die in
vielen Punkten so phantastische Welteislehre (Glazialkosmogenie)
die wichtigsten Kohlenfelder der Erde durch gewaltige erdweite
Springfluten zusammengeschwemmt sein.

Nun sprechen in der Tat alle Erscheinungen, die wir hier be-
handelt haben, für die Bodenständigkeit der Kohle. Vor allem
sind die aufrechten Baumstümpfe nicht anders zu erklären. (Wenn

34

gelegentlich einmal die Beobachtung, daß ein entwurzelter
Baumstamm, dessen Wurzelgeflecht durch Steine beschwert
war, aufrecht in einem Flusse eines Tropenwaldes treibt, zugunsten der Allochthonie herangezogen wurde, so ist das ein
Zeichen, wie manchmal in der Wissenschaft seltene Ausnahme-
fälle gewaltsam zur Stützung von Hypothesen herbeigezogen
werden.)

Es gibt aber noch einen untrüglichen Beweis für die Bodenständigkeit der meisten Kohlenlager. Das sind die Wurzelböden

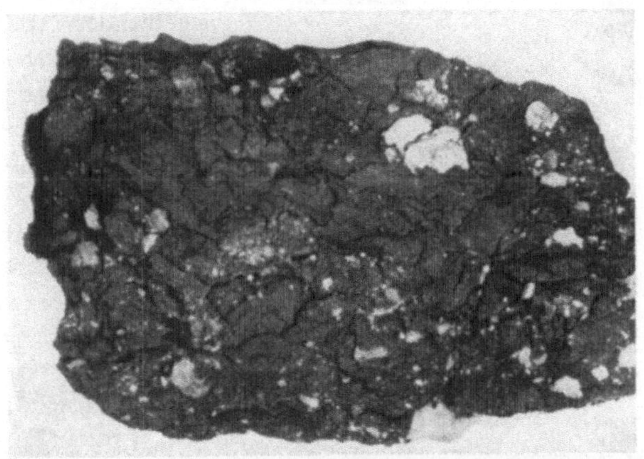

Abb. 23. Allochthone Kohle mit Kieseln von St. Kathrein (Steiermark)
(Sammlung Geolog. Inst. Leoben)

— bei den Steinkohlen auch Stigmarienböden genannt —, welche
sich häufig an der ursprünglichen Unterfläche, dem „Liegenden"
der Flöze finden. Hier sind besonders die Tonschiefer von kohligen Wurzelstämmen und Wurzelfasern (Abb. 21) kreuz und quer
durchzogen, wodurch das Gestein zu unregelmäßigen Stücken
zerbricht. Seltener und nur bei genauerer Beobachtung sind senkrecht absteigende Wurzelfasern auch bei Braunkohlenflözen erkennbar (Abb. 22). Ferner wäre bei zusammengeschwemmten
Kohlen eine viel stärkere Beimengung von Kies und Sand zu
erwarten, als es normalerweise der Fall ist. Tatsächlich sind nur
wenige und meist unbedeutende Kohlenflöze allochthon, die dann
auch wirklich sehr unrein sind (Abb. 23).

Die Torfmoore und die Wälder der Kohlenbildungszeiten

Wenn in unseren Breiten ein flaches Süßwasserbecken verlandet, so setzen sich zuerst an seinem Boden die abgestorbenen Reste niederer Wasserpflanzen und der hereingewehte Blütenstaub ab. Sie bilden am Grunde des Beckens den dunklen *Faulschlamm* oder *Sapropel*. Von den Ufern her dringen allmählich Schilf und Gräser beckeneinwärts vor und bilden den Riedtorf. Ihnen folgen bei zunehmender Verlandung Erlen und Kiefern, das Ausgangsmaterial des Waldtorfes mit seinen Holzresten. Dieses Stadium des Sumpfes und Sumpfwaldes heißt *Niedermoor*. Der Beckenboden ist nun so mit Torf abgedichtet, daß das Grundwasser keine Mineralsubstanz aus dem Gestein auflösen kann. Solch mineralfreies Wasser verträgt

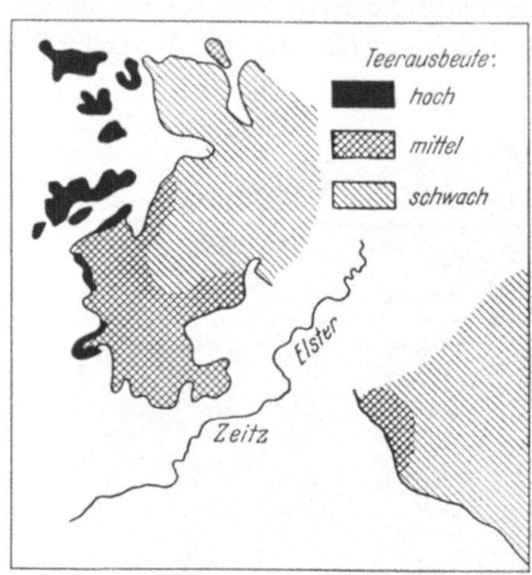

Abb. 24. Bitumenreiche Schwelkohle am Rande des Zeitz-Weißenfelser Beckens (nach RAEFLER)

aber schließlich nur mehr das Torfmoos Sphagnum, welches schließlich alleinherrschend wuchert und dicke Polster bildet, die das Stadium des *Hochmoores* kennzeichnen.

Der Torf hat also je nach seinem Ausgangsstoff eine verschiedenartige Zusammensetzung.

Dazu kommen noch gewisse spätere Veränderungen der Torfsubstanz. Der tiefere Torf wird stärker von den anaeroben Bakterien zersetzt, er wird dunkler und reifer. Der oberflächennahe trockene Torf ist noch etwas durchlüftet und in ihm bleiben die widerstandsfähigen Harzkörper, Pollenkörner und Wachsteilchen erhalten, was später zur Bildung der Schwelkohle führt, wie wir es vorhin schon bei den hellen Streifen unter den Stubbenhorizonten angedeutet gesehen haben. Naturgemäß sind die

Randpartien der Sumpfbecken etwas trockener und daraus erklärt sich das randliche Auftreten der Schwelkohle im Zeitz-Weißenfelser Kohlenrevier in Sachsen (Abb. 24).

Allerdings haben neuere mikroskopische Untersuchungen an österreichischen Kohlen (Hausruck) durch W. SIEGL und an deutschen Kohlen (Niederrhein) durch M. TEICHMÜLLER gezeigt, daß die Schwelkohle nicht immer ein trockenes Milieu anzeigt, sondern daß sie bisweilen ein Zusammenschwemmungsprodukt aus etwas bewegterem Wasser ist, wo Harzkörperchen mit Quarzkörnern gemengt wurden.

Die Kohlen sind überwiegend aus tropischen und subtropischen Niedermooren entstanden, wie die immer wieder erkennbaren Anzeichen offenen Wassers in den Kohlenflözen zeigen. Solche Anzeichen sind besonders eingeschaltete Lagen mit Süßwassermuscheln oder seltener Kalkknollen, welche der sog. Torfkreide entsprechen. Die kohlenbildenden Pflanzen selbst aber haben, wie wir noch ausführlicher besprechen werden, die Merkmale tropischer und subtropischer Standorte. H. POTONIÉ hat als erster mit Nachdruck die Kohlenwälder mit den tropischen Sumpfwäldern verglichen.

Abb. 25. Atemwurzeln der Sumpfzypresse aus der Kohle von Parschlug in Steiermark (Sammlung Geolog. Inst. Leoben)

Dieser Vergleich lag besonders nahe für die Wälder, aus denen unsere tertiären Braunkohlen entstanden sind, da deren Flora aus einer jüngeren geologischen Vergangenheit stammt und noch manche Artverwandte aus der heutigen Pflanzengesellschaft feucht-warmer Gebiete Amerikas und SO-Asiens hat, deren Standortsbedingungen wir ja kennen. Die Vorstellung schien völlig bewiesen, solange man glaubte, daß das meiste Holz der Braunkohlen von Sumpfzypressen stammt; sie wurde aber in ernste Zweifel gezogen, als vor allem der Paläobotaniker W. Gothan feststellte, daß neben Zypressenholz in reichlicherem Maße das Holz von Sequoia vorkommt, also des Mammutbaumes, welcher nicht in Sümpfen, sondern in regenfeuchten Bergwäldern gedeiht. Man war daraufhin geneigt, auch das Zypressenholz der Braunkohle nicht auf die Sumpfzypresse, sondern auf eine trockenständige Zypressenart zurückzuführen. Dann aber fand die Paläobotanikerin E. Hofmann in der Kohle von Parschlug in Steiermark die „Atemwurzeln", jene untrüglichen Merkmale der Sumpfzypresse (Abb. 25).

So bietet denn die Flora der tertiären Braunkohlen Mitteleuropas ein etwas uneinheitliches Bild. Neben dem Holz der Sumpfzypresse, den Früchten des sumpfbewohnenden Nyssa-Baumes, den Blättern des Gummibaumes finden sich Reste von Palmen, Lorbeer, Zimtbaum, Ahorn und Kiefern, also Vertreter tropischen subtropischen und gemäßigten Klimas sowie sumpfiger und trokkener Standortsbedingungen miteinander.

Diese Erscheinung ist nach A. Jurasky wohl am ehesten durch Klimaschwankungen erklärbar, die sowohl den Grundwasserstand wie die Temperatur betrafen. Die Bildungsdauer eines Flözes betrug ja einige Zehntausend Jahre. In einem solchen Zeitraum sind beträchtliche klimatische Schwankungen zu erwarten. Auch ist vielleicht der Rückschluß von dem Wärmebedürfnis der jetzt lebenden Pflanzenarten auf das verwandter tertiärer Arten nicht immer genau berechtigt.

Im allgemeinen aber kann man sagen, daß die Pflanzen des gemäßigten Klimas gegenüber denen des tropischen im Laufe der Tertiärzeit immer mehr überhand nahmen, so die allmähliche Abkühlung in Annäherung an die folgende Eiszeit ankündigend.

Es ist eine eigenartige Tatsache, daß sich auf dem amerikanischen Kontinent und in Südostasien auch heute noch zahlreiche Pflanzengattungen finden, welche selbst die früher-tertiären Braunkohlenlager aufbauten, während diese Pflanzen in den gleichen Breiten und Klimazonen Europas und Mittelasiens fehlen. Der Mammutbaum gedeiht in Newada und Californien, die Sumpfzypresse in Florida, der Gummibaum in Südostasien. Magnolien wuchsen zur Tertiärzeit in Nordamerika bis hinauf nach Alaska

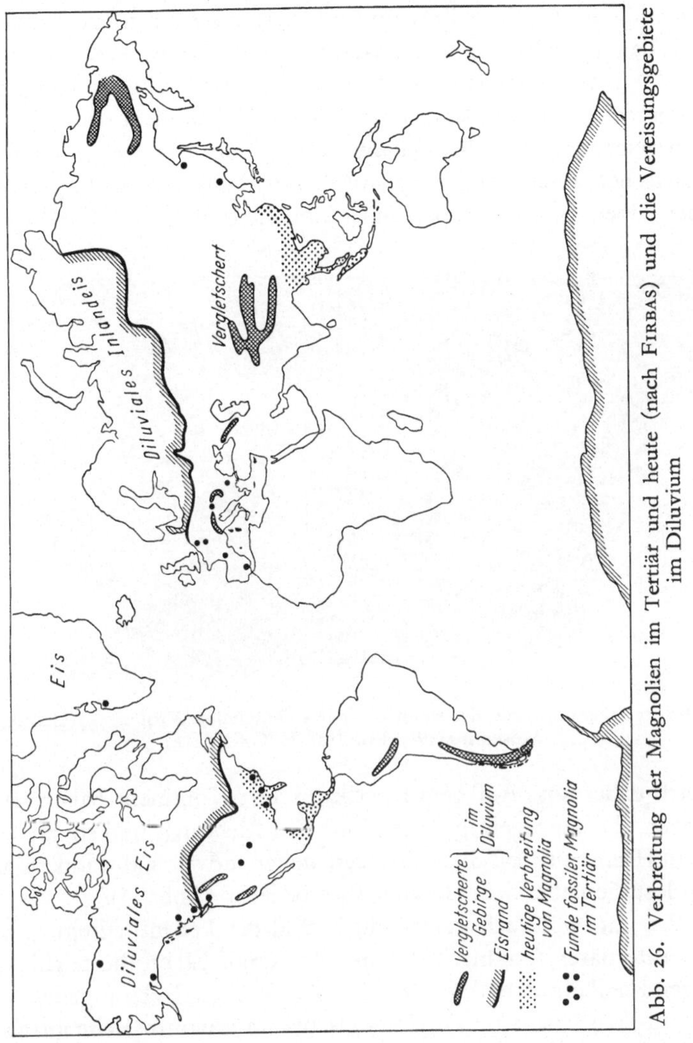

Abb. 26. Verbreitung der Magnolien im Tertiär und heute (nach FIRBAS) und die Vereisungsgebiete im Diluvium

und in den Kohlensümpfen Mitteleuropas. Heute gedeihen sie im Bereich des Golfs von Mexiko, in Hinterindien, aber nicht mehr bei uns — es sei denn künstlich in Gärten gepflanzt. Das ist durch die Verbreitung der eiszeitlichen Vergletscherung auf der Nordhalbkugel und durch den Verlauf der wichtigsten Gebirgszüge

zu erklären. Als das Klima am Ende der Tertiärzeit immer kühler
wurde und schließlich in der darauffolgenden Eiszeit die Gletscher
von Norden kommend Mitteleuropa und Sibirien bedeckten, da
konnte die wärmeliebende Flora der Alten Welt nicht nach Süden
ausweichen. Denn ihr stellten sich als Barriere die gleichfalls
Gletscher aussendenden ost-westlich-verlaufenden Gebirgszüge
der Alpen, Südosteuropas und Mittelasiens entgegen. Die Flora

Abb. 27. Fossilrest aus der Braunkohle des Geiseltales (Krokodil). (Geolog.
Museum Halle, ded. Prof. H. GALLWITZ)

starb daher aus. Auf dem amerikanischen Kontinent haben dagegen die Hauptgebirge eine Nord-Süd-Richtung, und so gab es
kein Hindernis, daß diese Pflanzen weiter südwärts abwanderten.
Südostasien aber war nie vom Eise bedeckt (Abb. 26).
Ein ungewöhnlich vollständiges Bild der Lebensbedingungen
im alttertiären (eozänen) Braunkohlensumpf haben die reichhal-
tigen Funde in den Tagbauen des *Geiseltales* in Sachsen geliefert,
die in dem sehenswerten Geologischen Museum in Halle ausge-
stellt sind. Hier sind besonders auch tierische Reste in einzig-
artiger Erhaltungsweise durch die sorgfältige Forschungsarbeit
J. WEIGELTS und seiner Mitarbeiter aus der Kohle gezogen worden: Eidechsen mit Schuppen, Halbaffen mit Haaren, Froschhäute
mit erkennbaren Protoplasmenresten der Zellen, buntschillernde
Insektenflügel, Fraßgänge von Raupen auf Blättern, Reptileier

und Kotballen — also fossile Zeugen, die uns sonst nirgendwo erhalten geblieben sind (Abb. 27). Die Blätter, die beim Zerlegen der Kohlenblöcke freigelegt werden, haben oft noch eine deutliche grüne Farbe und in ihnen ist das Chlorophyll noch chemisch nachgewiesen worden! Der ungewöhnliche Konservierungszustand

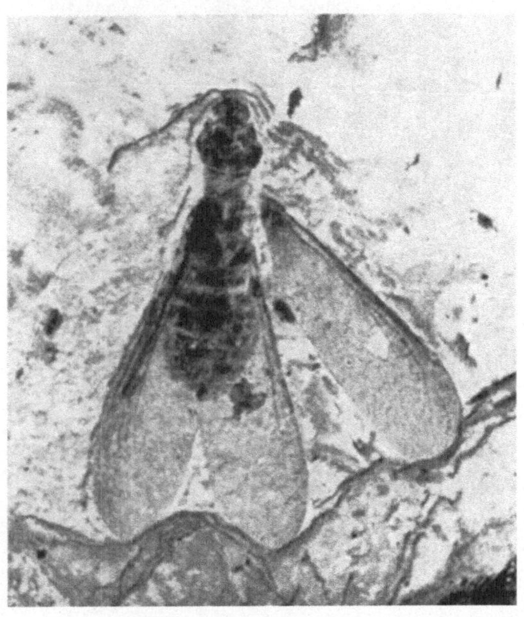

Abb. 28. Fossilrest aus der Braunkohle von Rott: Termit (nach G. Statz)

wird durch den Zufluß kalkhaltiger Wässer aus den umliegenden verkarsteten Muschelkalkbergen in das Moorbecken erklärt, wodurch die sonst alles zerstörenden Humussäuren neutralisiert wurden. (Allerdings kann dies kaum die ganze Erklärung des Phänomens sein, denn es gibt in Ungarn und Istrien ebenfalls eozäne Kohlenbecken in kalkiger Umgebung ohne solche Fossilreste). Im Geiseltal herrschte zur Eozänzeit ein tropisches Wechselklima. In den trockenen Sommern wanderten landbewohnende Tiere aus der Umgebung in die feuchten Niederungen und ertranken dann bei den Überschwemmungen der Regenzeit, indes die Wassertiere während der Sommer in einzelnen ausgetrockneten

Tümpeln umkamen. Auch die oligozäne Braunkohle von Rott in der Eifel hat hervorragend erhaltene Tierreste geliefert (Abb. 28).

Klimatisch einheitlicher auf tropische Sumpfwälder hinweisend ist die fremdartige Pflanzengemeinschaft der „Steinkohlenzeit" (Carbonzeit). Vor allem wuchsen damals gewaltige Baumfarne,

Abb. 29. Carbonisches Farnblatt: Lonchopteris rugosa (nach P. KUKUK)

deren verschiedenartige Blätter sehr oft als Abdrücke in den die Flöze überlagernden Tonschiefern zu finden sind (Abb. 29). Daneben gab es auch samentragende Bäume mit durchaus farnartigen Blättern. Mit Blattnarben bedeckt sind die Rinden der Schuppenbäume (Lepidodendren, Abb. 30) und der Siegelbäume (Sigillarien, Abb. 31). Gewaltige Schachtelhalme (Kalamiten, Abb. 32) und Bärlappgewächse sind häufig zu finden. Die flächig sich ausbreitenden Wurzeln (Stigmarien) und die stark verdickten Unterenden der Stämme sind bekannte botanische Merkmale sumpfiger Standorte. Am besten ist der Zellenbau der carbonischen Pflanzen in den sog. „Torfdolomiten" zu studieren, welche sich

42

in manchen Steinkohlenflözen finden, weil in diesen im Moor gebildeten und früh verfestigten ballenförmigen Dolomitkonkretio-
nen die eingeschlossenen Gewebe selbst krautiger Pflanzen nicht der
späteren Zusammendrückung verfielen (Abb. 33). Für das tropische

Abb. 30. Lepidodendren Rinde (nach P. KUKUK)

Klima der Steinkohlenzeit sprechen Kennzeichen von Tropenpflan-
zen wie z. B. Stammbürtigkeit der Blüten, fehlende Jahresringe
des Holzes, Träufelspitzen und mangelnde Behaarung der Blätter.

Der tropische Charakter der Sumpfwälder der Steinkohlenzeit
ist nicht nur aus pflanzenanatomischen Merkmalen, sondern auch
aus der Art der gleichzeitigen Gesteinsverwitterung erschließbar,
welcher durchaus „tropische Böden" erzeugte.

Die älteren kohlenführenden Formationen geben uns bei einem
gewissen Einblick in den Werdegang der Pflanzenwelt: die
frühesten Pflanzen der Erdgeschichte waren Meeresalgen, genau

43

so wie die frühesten Tiere Meeresbewohner waren. Das Leben
stammt aus dem Meere. So sind auch die ältesten kohligen Reste
in (stark umgewandelten) Gesteinsserien von mariner Bildung zu

Abb. 31. Sigillarienrinde (nach P. Kukuk)

Abb. 32. Kalamit (Schachtelhalm) (nach P. Kukuk)

finden. In einer der Steinkohlenzeit vorangegangenen Epoche wurden durch gebirgsbildende Vorgänge z. B. im nördlicheren Europa
aus dem sich hebenden Meeresboden Lagunen abgeschnürt, in
denen sich jedenfalls aus marinen Vorfahren die ersten sehr primi-
tiven Landpflanzen, die aus gegabelten Luftsprossen bestehen-
den Psilophyten entwickelten — gleichzeitig mit Lungenfischen

44

und den Vorläufern der Amphibien. Diese Lebewelt war noch an wasserreiche Standorte gebunden. Hieraus entwickelten sich die Sumpfwälder in den feuchten Niederungen der Steinkohlenzeit. Erst am Ende derselben, wohl mit der fortschreitenden Ausbildung des Wurzelsystems, wurden die umgebenden Berghänge von Bäumen besiedelt. Ein Beispiel dafür ist der „versteinerte Wald" von

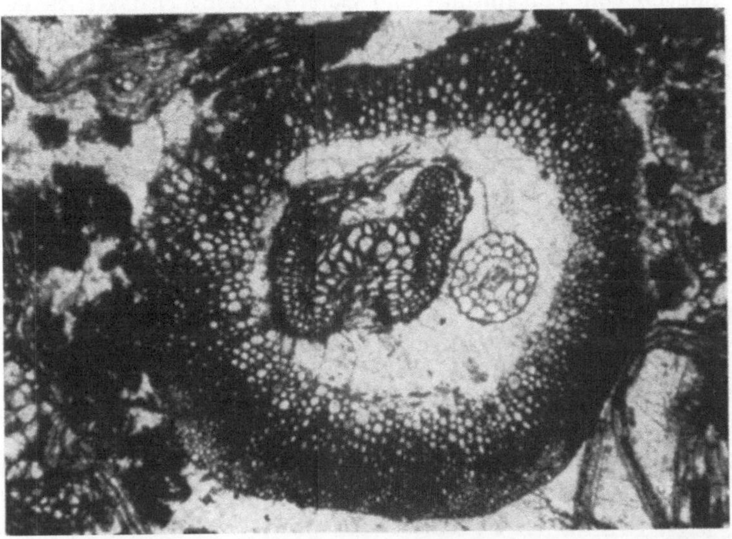

Abb. 33. Querschnitt eines Farnstengels im mikroskopischen Dünnschliff eines Torfdolomits (nach M. TEICHMÜLLER aus FREUND)

Radowenz im Sudetenland. Von den trockenen Berghängen des damaligen Riesengebirges wurden in dem jüngsten Abschnitt der Carbonzeit zahlreiche Stämme von Gymnospermen (Araucarien) durch Flüsse als Treibholz in die Sandablagerungen eingeschwemmt, wo sie in verkieseltem Zustand erhalten geblieben sind.

Die erdgeschichtliche Bildung der Kohlensümpfe in Zeit und Raum

Die Erdgeschichte, dokumentiert durch die in ihrem Verlauf gebildeten Gesteine, wird nach Zeitabschnitten, den sog. *Formationen*, gegliedert. Jede Formation ist vor allem durch ihre jeweilige Tier- und Pflanzenwelt — mehr oder weniger erhalten als Fossilien — gekennzeichnet. Da die Tier- und Pflanzenwelt im Laufe der Erdgeschichte sich gemäß den Gesetzen der Entwicklungslehre veränderte, ergeben die Fossilien die besten Unterscheidungsmerkmale der Formationen und ihrer Unterstufen. Aber auch die Zeugen des jeweiligen Klimas und die Folgeerscheinungen von Vulkanismus und Gebirgsbildung charakterisieren die einzelnen Abschnitte der Erdgeschichte. Das absolute Alter

Abb. 34. Sumpfwald der Steinkohlenzeit, Bild von W. Kukuk im Geologischen Museum zu Bochum (verkleinerte Wiedergabe nach P. Kukuk)

dieser Formationen, angegeben in Zehnern und Hundertern von Millionen Jahren, wird aus den Spuren radioaktiver Zerfallsprodukte in den Gesteinen errechnet, da die Geschwindigkeit des radioaktiven Zerfalles bekannt ist. Demnach existiert das höher organisierte Leben auf der Erde seit rund 800 Millionen Jahren und Kohlen werden seit 280 Millionen Jahren gebildet.

Die nachstehende Tabelle bringt die geologischen Formationen, ihr Alter und die in ihnen gebildeten wichtigsten Kohlen sowie die bedeutenden Phasen der Gebirgsbildung.

Die Tabelle lehrt uns: 1. *Seit dem Bestehen der höheren Landpflanzen, also seit dem Untercarbon wurden zu allen Zeiten Kohlen gebildet. 2. Die überwiegende Mehrzahl der wichtigen Kohlenlager entstand im Carbon und im Tertiär,* wobei dem Carbon noch das untere Perm, dem Tertiär die oberste Kreide angeschlossen werden kann. Dabei finden sich in den carbonischen Ablagerungen vorwiegend Steinkohlen, in den tertiären vorwiegend Braunkohlen. Aber es gibt auch carbonische Braunkohlen (Moskauer Becken) und tertiäre Steinkohlen (z. B. Siebenbürgen).

Man hat für diese Häufung der Kohlenbildung zu bestimmten Zeiten verschiedene Theorien entwickelt. Der schwedische Physiker Sv. Arrhenius suchte Beziehungen zu dem besonders verbreiteten Vulkanismus der Carbon- und der Tertiärzeit, indem durch die starke Aushauchung vulkanischer Kohlensäure die Atmosphäre verändert und das Pflanzenwachstum begünstigt worden sei. Aber eine genauere zeitliche Analyse zeigt, daß die Epochen des Vulkanismus und der Kohlenbildung nicht entsprechend zusammenfallen.

Heute sieht man die Voraussetzung der Kohlenbildung in dem Zusammenfallen tropischen oder wenigstens feucht-warmen Klimas mit den lebhafteren Bodenbewegungen in den Zeiten der Gebirgsbildung. Während dieser Zeiten wurden Teile des Meeres durch Hebung dem Festland angegliedert, aber auch der Festlandboden war unstabil und in den Zeiten der Senkung wurde in der vorher besprochenen Weise die Anhäufung und Erhaltung der abgestorbenen Pflanzensubstanz ermöglicht. Die beiden letzten großen Gebirgsbildungsepochen sind die variscische im Carbon und die alpidische in der Kreide und im Tertiär. Zu diesen Zeiten war überdies auch das Klima in unseren heute gemäßigten Zonen tropisch und subtropisch.

Zur gleichen Beziehung zwischen Bodenbewegung und Kohlenbildung führt eine *räumliche Betrachtung* der Verteilung der Kohlenfelder auf der Erde. Der französiche Geologe F. Blondel hat gezeigt, daß 91% der Weltkohlenförderung aus den Bereichen der variscischen und alpidischen Gebirgsfaltung stammen und nur 9% aus den flächenmäßig viel ausgedehnteren stabilen Plattformen der Erdkruste. Dabei liegt das größte Kohlenfeld der letzteren Gruppe, das von Illinois, auf einem relativ bewegten Teil einer solchen Plattform.

Auch die Zahl der Mächtigkeit der Kohlenflöze hängt von der relativen Mobilität oder Stabilität des Untergrundes ab, wie H. Stille dargestellt hat. In den raschen und längere Zeit hindurch sinkenden Randtrögen der Gebirge wurden in einer sehr mächtigen Gesteinsfolge zahlreiche, aber dünnere Kohlenflöze

Formation	Unter-abteilung	Alter in Millionen Jahren	Gebirgs-bildung	Kohlenbildung
Quartär	Jetztzeit Eiszeitalter	0,6		Torf
Tertiär	Pliozän	60	alpidische Faltung	Braunkohlen u. Steinkohlen von Indonesien
	Miozän			Braunkohlen d. Niederrheins u. der Lausitz, N-Böhmens, Glanzbraunkohlen der Steiermark
	Oligozän			Braunkohlen von Slovenien, N-Böhmen, Steinkohlen Siebenbürgen, Glanzbraunkohlen Oberbayerns
	Eozän			Braunkohlen von Sachsen, Braunkohlen Canadas, unbedeutende Steinkohlen Westalpen
Kreide	Ober	110	alpidische Faltung	Kleine Steinkohlenbecken in den Alpen und am Balkan, Braun- u. Steinkohlen Colorados
	Unter			Steinkohlen des Deister in N-Deutschland
Jura		150	nevadische Faltung	Kleine Steinkohlenbecken in Ungarn
Trias		200		Kleine Steinkohlenvorkommen in den Ostalpen
Perm	Zechstein	230		Steinkohlen in Sachsen, Sibirien, China,
	Rotliegend			Steinkohlen S-Afrika, Brasilien
Carbon	Ober	280	variscische Faltung	Steinkohlen Englands, Frankreichs, Belgiens, der Ruhr, Saar, Oberschlesiens, des Donezbeckens, Zonguldak, Appalachen, Illinios,
	Unter			Steinkohlen des Donez, Braunkohle von Moskau

Formation	Unter-abteilung	Alter in Millionen Jahren	Gebirgs-bildung	Kohlenbildung
Devon		350		Steinkohlen Spitzbergens
Silur	Gotlandium Ordovizium	420	caledonische Faltung	
Kambrium		520	sardische Faltung	
Algonikum	Ober	800	algo-manische Faltung	Graphitische Lagen in Gesteinen mariner Herkunft
	Unter	1100		
Archaikum				

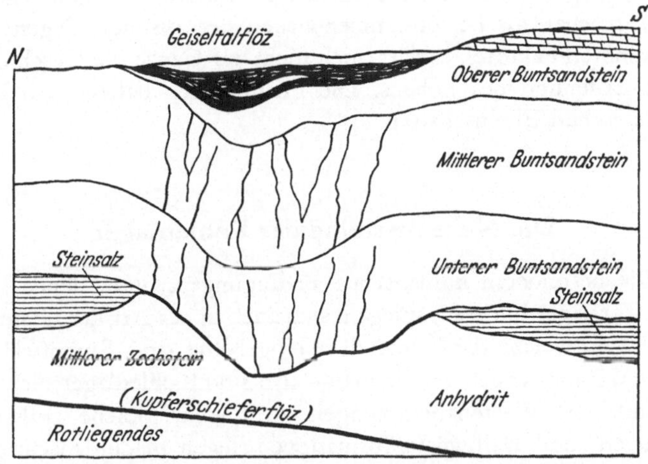

Abb. 35. Flözbildung über einem durch Salzabwanderung gebildeten Raum: Geiseltal (nach P. KUKUK)

gebildet, letztere den Phasen verlangsamter Senkung entsprechend. Ein Beispiel sind die carbonischen Kohlenreviere Belgiens, Aachens, der Ruhr und Oberschlesiens am Außenrand des variscischen Gebirges, aber auch die tertiären Flöze Oberbayerns am Außenrand der werdenden Alpen. Demgegenüber sind in dem durch die frühere variscische Faltung schon versteiften und konsolidierten Raum Mitteldeutschlands die tertiären Absenkungen nur langsamer und weniger tief gewesen, was die Entstehung der wenigen, aber sehr dicken Braunkohlenflöze in diesem Gebiet ermöglichte. Zum Teil sind die mitteldeutschen Braunkohlenflöze sogar in Senkungsstreifen gebildet worden, welche durch Auslaugung oder Abwanderung des Salzes im Untergrund entstanden sind (Abb. 35).

Trotz dieser sicher in vielem zutreffenden Erklärung bleibt die Häufung der Kohlenbildung im Carbon und im Tertiär eine Merkwürdigkeit. Denn es gibt immerhin Gebiete und erdgeschichtliche Zeiten, wo bei tropischem Klima die unruhigen Bodenverhältnisse werdender Gebirge gegeben waren, so z. B. zur Oberjura und Unterkreidezeit im westlichen Nordamerika oder zur Mittelkreidezeit in Südosteuropa und Kleinasien, ohne daß entsprechend große Kohlenlager gebildet worden wären. Das mechanistische Zusammenwirken der aus der Gegenwart bekannten Faktoren erklärt noch nicht zur Gänze die Geschichte der Erde und des Lebens. Die Formationen haben auch ihre spezifischen Eigenschaften.

Die Nebengesteine der Kohlenlager

Die besonderen klimatischen Bedingungen, unter denen sich die Torflager bildeten, spiegeln sich auch in der Art der Gesteine wider, in welche die Kohlenflöze eingebettet sind. Sumpfwälder und Wüsten schließen sich aus — also sind Kohlenlager nicht in ehemaligen Wüstenablagerungen zu finden. Solche früheren Wüsten- und Halbwüstenformationen liegen in den mächtigen Serien roter Sandsteine vor, welche sich in vielen Teilen der Erde, bei uns etwa in Mitteldeutschland oder im Saargebiet finden. Die rote Farbe stammt von einem wasserarmen Eisenhydroxyd, das nur in trockenem Klima beständig ist. Also gibt es keine Kohlenflöze in roten Schichten. Sie treten in grauen oder weißen Schichten auf. Die graue Farbe stammt oft von ehemaligen Humusbeimengungen, die weiße Farbe kommt durch den Entzug des färbenden Eisens zustande, welches von den Humussäuren herausgelöst wurde.

Diese lösende Wirkung der Humussäuren der Torfmoore hat die Bildung von mancherlei nutzbaren Gesteinen in den kohleführenden Schichtserien zur Folge. So verdanken die feuerfesten Tone ihre Qualität der Abwesenheit leicht schmelzbarer Alkali- und Eisenmineralien, welche eben durch die Zersetzungsbedingungen unter den Torfmooren zerstört wurden. Nicht selten haben darum gerade die Tone direkt unter den Kohlen eine höhere Feuerfestigkeit. Wenn aus Quarzsanden die letzten Spuren des Eisens herausgelöst werden, entstehen hochwertige Glassande, wie sie sich z. B. im Lausitzer Braunkohlenrevier finden. Die feuchtwarmen klimatischen Bedingungen der Kohlebildung sind gleichzeitig auch die Voraussetzung für die Verwitterung feldspathaltiger Gesteine zu Kaolin. Wertvolle Kaolinlager finden sich unter den Braunkohlenflözen bei Karlsbad oder in Verbindung mit den Steinkohlenflözen bei Pilsen.

Das durch die Moorwässer aus dem Untergrund herausgelöste Eisen wird bei Zutritt von Luftsauerstoff in offenstehenden Tümpeln als brauner Ocker ausgefällt. Das können wir in Sumpfgebieten häufig beobachten und das war auch in der Vergangenheit so. So entstanden die Kohleneisensteinbänke, welche in früheren Jahrzehnten in manchen Steinkohlenrevieren abgebaut wurden.

Gelegentlich sind vulkanische Aschenregen in die Kohlenmoore hereingefallen, da ja Carbonzeit und Tertiärzeit stärkste vulkanische Tätigkeit zeigten. Inmitten der gewöhnlichen Gesteine bleiben solche Lagen früherer vulkanischer Aschen — Tuffe genannt — oft unbemerkt, aber in den dunklen Kohlenflözen fallen sie als helle Streifen (sogenannte Mittel) auf. In Ratten in Steiermark sind diese Tuffe als Bimssteinsande noch unmittelbar erkennbar, in Fohnsdorf in Steiermark sind sie zu quellenden und darum technisch verwertbaren Tonen (sog. Bentonit) zersetzt. Auch die Tonsteine mancher Steinkohlenreviere dürften so gebildet sein.

Wenn das Meerwasser mit seinem Gehalt an Magnesiumsalzen die Torfmoore überflutete, bildeten sich bisweilen Knollen von Torfdolomit, einem magnesiumhaltigen Carbonat, das in gut konservierender Weise die Pflanzenreste im Torf einschließt. Torfdolomite an der Oberkante des Flözes „Catharina" in

Westfalen sind ein weithin verfolgbares Kennzeichen eben dieses Flözes.

Zumeist sind Ton und Sand die Nebengesteine der Braunkohle, Schiefer und Sandstein die der Steinkohlen. In Kalken finden sich Kohlen nur ausnahmsweise — denn Kalkboden als Unterlage ist wasserdurchlässig und hat darum nur selten die Ausbildung eines Sumpfmoores ermöglicht, wenn er nicht gerade eine dünne tonige Verwitterungskruste trug. Kalk über den Flözen ist ebenfalls sehr selten, da er ja meist die Ablagerung eines schon etwas tieferen Meeres darstellt. Die unmittelbare Überlagerung der Flöze stellen sehr oft dünnschichtige, ebenflächige bituminöse Schiefer dar, die sich bildeten, wenn ein offener Wasserspiegel das ertrinkende Moor bedeckte. In diesen Schiefern, die wegen ihres noch hohen Gehaltes an organischer Substanz oft richtige Brandschiefer sind, finden sich gerne die schönsten Blattabdrücke neben den Resten von Wassertieren. Der feine Schlamm, aus dem die Schiefer hervorgingen, dichtete den Torf gegen Luft und Wasser ab und ermöglichte so den internen Prozeß der Wandlung des Torfes zur Kohle.

IV. Das Werden der Kohlensubstanz (Inkohlung)

Der chemische und physikalische Weg vom Torf zur Kohle

Wenn das im Grundwasserbereich stehende Torflager tiefer einsinkt und dabei unter den sich darüberlagernden Schichten von Schlamm, Sand oder Schotter begraben wird, dann wird das grob gebundene Wasser aus dem Torf allmählich ausgepreßt und die physikalischen und chemischen Vorgänge, welche die stetige Umwandlung des Torfes zu den verschiedenen Arten der Kohle bewirken, setzen ein. Diese Vorgänge faßt man zusammen unter dem Begriff *Inkohlung*, so genannt im Gegensatz zur Verkohlung im Holzkohlenmeiler. Denn bei der Verkohlung entsteht infolge einer langsamen und kontrollierten Verbrennung durch reine Wärmezufuhr die Holzkohle, aus der alle flüchtigen Bestandteile verschwunden sind, während die Produkte der natürlichen

Inkohlung immer noch Wasser und Kohlenwasserstoffverbindungen in verschiedenem Ausmaß enthalten.

Die Inkohlung ist ein sehr komplexer Vorgang, den wir nicht selbst beobachten, sondern nur aus seinen verschiedenen Zwischenstufen erschließen können. Im ersten Stadium, solange Schichtablagerung, Temperaturanstieg und Wasserentzug noch gering sind, schließt er an den Vertorfungsvorgang unmittelbar an und setzt ihn fort. Es ist das *biochemische Stadium*, in welchem die Zersetzung des Pflanzenmaterials, seine teilweise Oxydation zu CO_2 unter Abschluß des Zutrittes von Luftsauerstoff durch anaerobe Kleinlebewesen erfolgt. Dabei wird vor allem die Zellulose abgebaut, von manchen Pilzen auch das Lignin und es werden Huminsäuren gebildet.

Da spielt das chemische Milieu für die Art der tätigen Kleinlebewesen und damit für die Eigenschaften des Endproduktes eine merkliche Rolle. WILHELM PETRASCHECK hat das an zahlreichen Beispielen gezeigt. Kohlen, welche in kalkige Schichten eingebettet sind, haben sehr oft einen viel höheren Schwefelgehalt, wahrscheinlich, weil die Kalkwässer neutralisierend auf die Humussäuren wirkten und damit gewissen schwefelanreichernden Bakterien bessere Existenzbedingungen ermöglichten. Kohlenlager, die von Meeresablagerungen bedeckt sind, zeigen oft eine höhere Reife, wahrscheinlich, weil das salzhaltige Meerwasser, ähnlich wie es im Experiment zugesetzte Chloridlösungen taten, eine Schrumpfung der Kapillaren und eine raschere Zersetzung bewirkte. Kohlenlager, deren Nebengesteine z. T. noch heute schwach sauer reagieren oder die den unter Säureeinwirkung entstandenen Kaolin enthalten, sind oft besonders reich an Fusit, offenbar, weil saures Milieu die fusitische Zersetzung fördert.

Mit fortschreitender Wasserauspressung, vor allem aber auch bei der Einwirkung von Temperaturen über 100°, wird der biochemische Prozeß in der Erde beendet und durch das *geochemische Stadium* des Inkohlungsvorganges abgelöst. Die chemischen Folgen desselben sind, wie wir im zweiten Kapitel über die Eigenschaften der Kohlensubstanz erfahren haben, entsprechend den einzelnen Kohlenarten graduell verschieden: allmähliches Verschwinden des Lignins, Umwandlung der Huminsäuren in unlösliche Huminsubstanz, Veränderung des Bitumens, Abnahme des Gehaltes an flüchtigen Bestandteilen und des Gehaltes an adsorptiv gebundenem Wasser, bezüglich der Elementarzusammensetzung Abnahme des Sauerstoffes und später auch des Wasserstoffs. Physikalische Änderungen wie Zunahme der Lichtreflexion (das heißt Wandlung von braun zu schwarz und matt zu glänzend), stetige Änderungen der Dichte und der Härte und Abnahme des Volumens gehen damit Hand in Hand (siehe Tabelle Seite 25).

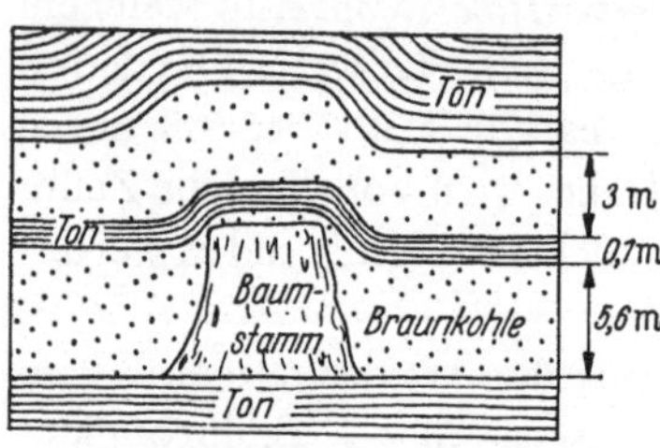

Abb. 36. Setzung eines Weichbraunkohlenflözes bei Görlitz (nach GLÖCKNER)

Der Volumenschwund, auch Setzung genannt, ist an Kohlenflözen dort beobachtbar und auch zahlenmäßig berechenbar, wo nicht schwindende starre Einlagerungen den Anteil des schwindenden Flözquerschnittes verringern und auf diese Weise nachher gleichsam als Verdickungen emporragen, während die ursprünglich horizontal über dem Flöz abgelagerten Schichten — etwa Tonschiefermittel oder die Hangendschichten — beiderseits abgesackt sind (Abb. 36). Als solche weniger oder nicht kompressible Einlagerungen wirkten Baumstubben, Knollen von Torfdolomit oder Sandlinsen. Die Setzung von Urtorf zur Weichbraunkohle ergibt etwa die Hälfte, zur Glanzbraunkohle ein Viertel der ursprünglichen Dicke des Lagers. Das Weichbraunkohlenflöz der Ville bei Köln, das heute stellenweise bis 100 m mächtig ist, war also einmal ein mindestens 200 m starkes Torflager und demonstriert so die beträchtliche Senkung eines relativ schmalen Geländestreifens in ein paar Hunderttausend Jahren.

Experimentell wurde steirische Weichbraunkohle in dicht geschlossenen Gefäßen in Gegenwart von Wasserdampf erhitzt und dabei leicht belastet. Ihr Holzanteil wurde dabei stark erweicht und zu schwarzem homogenen Vitrit umgewandelt. Die Volumenabnahme betrug 30—50%.

Mit zunehmender Inkohlung gleichen sich die ursprünglichen stofflichen Unterschiede des pflanzlichen Ausgangsmaterials immer mehr aus.

Sorgfältige strukturchemische Betrachtungen durch W. VAN KREVELLEN, J. KARWEIL u. a. haben in den letzten Jahren gezeigt, *daß die Inkohlung in einer mit dem Reifegrad zunehmenden Aromatisierung besteht,* d. h. in einer relativen Anreicherung und Vereinigung der ringförmigen Kohlenstoffverbindung und in einer allmählichen Abspaltung der zwischen den Ringen liegenden sauerstoffhaltigen und wasserstoffhaltigen kettenförmigen Moleküle. Im Endstadium nähern sich die aus den sechseckigen Kohlenstoffringen aufgebauten Molekülgruppen immer mehr dem Kristallgitter des hexagonalen Graphits. Die Abspaltungsprodukte sind CO_2, CH_4, H_2S und H_2O. Der Chemiker W. FUCHS hat diese Vorgänge unter thermodynamischen Gesichtspunkten, d. h. hinsichtlich des Freiwerdens oder der Zufuhr von Energie bei ihrem Ablauf betrachtet. Er vertritt die Auffassung, daß nur eine sehr starke Wärmezufuhr, die zu einer Erhitzung der Kohle über 400°C führt, die Sprengung der Verbindungen und Abspaltung des Sauerstoffes bewirken kann. Eine solche Erhitzung ist aber in der Natur nur in Ausnahmefällen — bei der Berührung von Kohle mit vulkanischem Schmelzfluß — vorgekommen. Also sucht FUCHS nach einer anderen Energiequelle und sieht sie in den anaeroben Mikroorganismen. Mit Recht weisen dagegen G. HUCK und J. KARWEIL, ebenfalls Chemiker, darauf hin, daß Mikroorganismen beim lange währenden geochemischen Stadium der Inkohlung nicht nachweisbar sind und ihre Existenzmöglichkeit auch höchst unwahrscheinlich ist. Sie zeigten, daß eine ganze Anzahl der oben erwähnten Spaltungs- und Aromatisierungsreaktionen, bei denen CO_2, CH_4 und H_2O entweichen, unter Abgabe von freier Energie *also von selbst* vor sich gehen können.

Bevor wir uns aber über die Triebkräfte des Inkohlungsvorganges ein Bild zu machen versuchen, müssen wir die Erfahrungsregeln zur Kenntnis nehmen, welche die Geologie uns bezüglich des Vorkommens der einzelnen Kohlenarten zeigt.

Beziehungen zwischen geologischer Geschichte und Reifung von Kohlenflözen

Zahlreiche Fälle sind bekannt, wo durch *vulkanische Schmelz*massen die Kohlen örtlich, d. h. in der unmittelbaren Nähe der Lavadurchbrüche veredelt wurden. Das ist die Kontaktumwandlung oder, wenn sie in etwas weiterem Bereich um und besonders oberhalb der vulkanischen Masse auftritt, die *thermische Umwandlung der Kohle*.

Am Meissner bei Kassel ist miozäne Weichbraunkohle an einem Basaltdurchbruch zu schwarzer Glanzbraunkohle geworden, in Palembang in Sumatra sind junge Braunkohlen am Eruptivkontakt zu Steinkohlen, ja bis zu Anthrazit gereift (Abb. 37), in Waldenburg

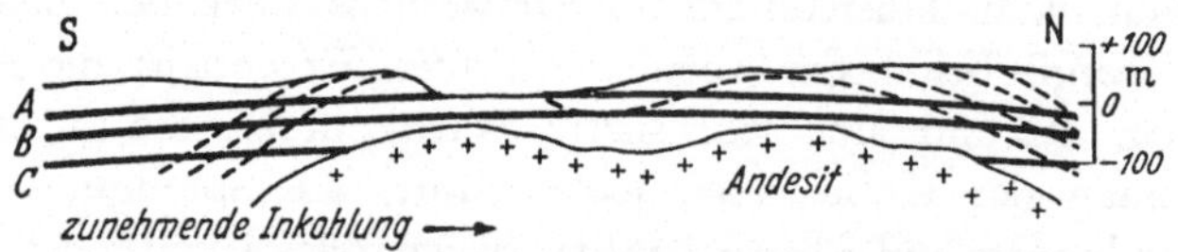

Abb. 37. Thermische Veredlung von Weichbraunkohlen durch Andesitdurchbrüche in Sumatra (nach H. J. Martini)

(Schlesien) und Kladno (Böhmen) wurden carbonische Steinkohlen beiderseits von Porphyrgängen bzw. Basaltgängen zu silberig glänzendem, stengeligem *Koks* gebrannt (Abb. 38), in Süd-Illinois an Peridotitgängen ebenfalls Steinkohlen zu Koks. Die veredelnde Wirkung an solchen Schmelzgesteinsdurchbrüchen, besonders an den als Spaltenfüllung gebildeten Gesteinsgängen, reicht meist nur wenige Meter beiderseits des Ganges in das Kohlenflöz hinein und klingt dann rasch zu dessen normaler Ausbildung ab. Das heißt, daß die Wärme im Gestein rasch abgeleitet wurde, so daß es nur örtlich zu großen Temperaturanstiegen kam. Mittels der auf Seite 18 erwähnten differentialthermischen Analyse wurde festgestellt, daß die am Kontakt der Peridotitgänge von Illinois umgewandelte Kohle eine Temperatur von 600⁰ erreicht hatte.

Weiter als bei vulkanischen Durchbrüchen reicht die veredelnde Wirkung, wenn die vulkanischen Schmelzmassen sich zu flachen Lagergängen in der Tiefe ausgebreitet haben. Dann stieg die Wärme vor allem nach oben. In Handlova in der Slowakei ist ein ausgedehntes jungtertiäres Weichbraunkohlenflöz innerhalb eines 20 Quadratkilometer umfassenden Teilbereiches gerade

oberhalb des um 20 m tiefer liegenden andesitischen[1] Lager-
ganges zu guter Glanzbraunkohle umgewandelt. In analoger
Weise entstanden aus carbonischen und permischen Gaskohlen
in Schottland und in Westsibirien beträchtliche Areale von
Anthrazit, aus jurassischen Steinkohlen in Ungarn viele Millionen
Tonnen von Naturkoks.

*Die Veredelung der Kohlen im unmittelbaren Bereich vulkanischer
Schmelzgesteine beweist, daß Temperaturerhöhung eine Ursache der
Inkohlung ist.*

Eine zweite weithin gültige Erfahrung lehrt, daß die Kohlen
mit der Tiefe reifer werden. Vor mehr als 80 Jahren stellte der

Abb. 38. Basaltgang (etwas heller in der Mitte des Bildes) verwandelt Kohle
beiderseits in Koks. Kladno (Sammlung Geol. Inst. Leoben)

deutsche Bergingenieur HILT fest, daß die Kohlen der west-
europäischen Steinkohlenreviere von Flözgruppe zu Flözgruppe
ärmer an flüchtigen Bestandteilen, d. h. also stärker inkohlt werden, wenn man von den höheren Carbonschichten zu den tieferen
geht. Das spiegelt sich auch in der althergebrachten Bezeichnung
der Flözgruppen im Ruhrgebiet wieder, welche von oben nach
unten lautet:

Flammkohlenschichten
Gaskohlenschichten
Fettkohlenschichten
Eßkohlenschichten
Magerkohlenschichten

---

[1] Andesit ist ein vulkanisches Gestein.

Das soll aber nicht bedeuten, daß in den betreffenden übereinanderliegenden Schichten jeweils nur die so bezeichneten Kohlenarten vorkommen. Viele Faktoren spielen bei der Reifung der Kohle mit und die *Hiltsche Regel* ist eine Regel mit Ausnahmen.

Das Bild der Abnahme der flüchtigen Bestandteile mit der Tiefe wird regelmäßiger, wenn man die Unterschiede des pflanzlichen Ausgangsmaterials ausscheidet und sich auf einen einheitlichen Untersuchungsstoff beschränkt. Wir haben auf Seite 14 betont, daß der Durit bei den unreifen Gruppen der Steinkohlen viel mehr flüchtige Bestandteile enthält als der Vitrit, während der Fusit eine besonders magere Komponente ist. Da nun nicht alle Flöze die gleiche prozentuelle Zusammensetzung an Vitrit, Durit und Fusit haben, ist man dazu übergegangen, sich bei allen vergleichenden Inkohlungsstudien auf Vitritanalysen zu beschränken. Dann wird die Kurve, welche die Beziehung zwischen der Tiefe der Flöze innerhalb einer ursprünglich horizontal abgelagerten flözführenden Schichtfolge und dem Gehalt an flüchtigen Bestandteilen darstellt, schon viel regelmäßiger (Abb. 39). Im Durchschnitt beträgt die Abnahme der flüchtigen Bestandteile pro 100 m Tiefenzunahme — die Tiefe bezogen auf die ursprüngliche horizontale Schichtserie — im Ruhrgebiet 1,4%, im Aachener Revier 2% bei den Fettkohlen, 1% bei den Magerkohlen, in Belgien 1,4%, in South Wales 1,6%, in Oberschlesien 1,4%. Die Abnahme ist von den Flammkohlen bis zu den Eßkohlen ziemlich linear, verringert sich dann bei den noch reiferen Magerkohlen und Anthraziten. *Man rechnet im Mittel 1,4% Abnahme der flüchtigen Bestandteile von Flöz zu Flöz pro 100 m Zunahme der Schichttiefe.*

Ebenso, wenn auch meistens weniger stark, ist bei einem und demselben Flöz eine Abnahme der flüchtigen Bestandteile erkennbar, wenn dieses Flöz in steil geneigter Lagerung in die Tiefe verfolgbar ist. Meist ist hier die Kohlenreifungszunahme pro 100 m schwächer als bei der Hiltschen Regel, nur im Revier

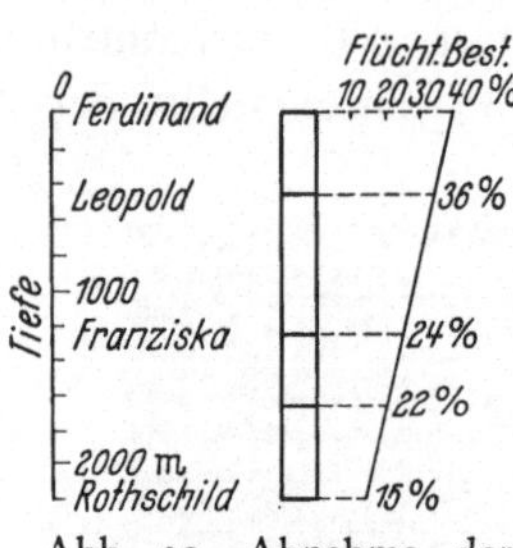

Abb. 39. Abnahme der flüchtigen Bestandteile mit der Tiefe im Vitrit von Kohlen der Ostrauer Schichten

von Waldenburg (Schlesien) und Zonguldak (Türkei) scheint sie besonders ausgeprägt zu sein.

Der bei den Steinkohlen festgestellten Abnahme der flüchtigen Bestandteile entspricht bei den Braunkohlen eine Abnahme des gebundenen Wassers mit der Tiefe. Diese Regel, erstmalig vor 30 Jahren von H. M. SCHÜRMANN an jungtertiären Braunkohlen Borneos festgestellt und darum *Schürmannsche Regel* genannt, besagt, daß der Wassergehalt pro 100 m etwa um 1 % abnimmt. Ähnliche Werte haben kürzlich R. und M. TEICHMÜLLER

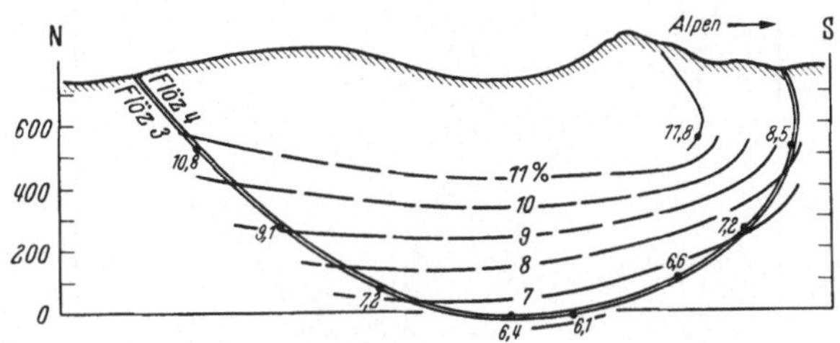

Abb. 40. Abnahme des Wassergehaltes mit der Tiefe in den oberbayerischen Glanzbraunkohlen (nach R. TEICHMÜLLER)

in der Glanzbraunkohle des bayerischen Alpenvorlandes auch innerhalb derselben Flöze bei geneigter Lagerung festgestellt (Abb. 40). Ein nordostenglisches Steinkohlenfeld, dessen Flöze flach gelagert sind, zeigt nach F. TROTTER überhaupt nur eine Abnahme des Wassergehaltes von den höheren zu den tieferen Kohlenflözen, aber keine Abnahme der flüchtigen Bestandteile. Das ist eine beachtliche Ausnahme von der eigentlichen Hiltschen Regel.

Die Zunahme der Kohlenreife mit der Tiefe ist also eine verbreitete Erfahrungstatsache, gleichgültig ob es sich dabei um zahlreiche Kohlenflöze, die in verschiedenen Tiefen übereinander liegen oder um ein und dasselbe Flöz bei schräg absinkender Lagerung handelt. Hier aber ist es bereits schwer, die physikalische Ursache für diese Beziehung zu finden: denn mit der Tiefe nimmt sowohl der Belastungsdruck wie die Erdwärme zu; der Druck steigt bei einer mittleren Gesteinsdichte der überlagernden Schichten von 2,5 um 25 kg/cm² pro 100 m, die Temperatur nach dem großen Durchschnitt auf der Erde um 3⁰ pro 100 m. Ist nun hier der Druck oder die

Temperatur der Inkohlungsfaktor gewesen? Wir werden diese Frage noch zu diskutieren haben.

Als dritte, durch zahllose Beispiele in allen Teilen der Erde belegte Erfahrung ist festzustellen, daß dieselben Kohlenflöze oder Kohlenflözgruppen dort stärker inkohlt sind, wo sie durch den gebirgsbildenden Druck gefaltet sind, als dort, wo sie ungestört sind. Man muß bei solchen Vergleichen allerdings kritisch vorgehen, da man stets beachten muß, ob nicht in den stärker

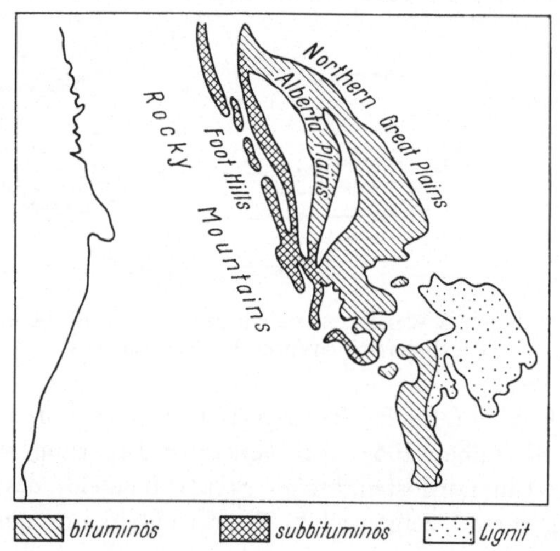

Abb. 41. Zunahme der Reife kretazisch-tertiärer Kohlen Canadas und der nördlichen USA mit der Faltung in westlicher Richtung

gefalteten Teilen der Kohlenbecken auch das überlagernde Deckgebirge mächtiger ist oder war, so daß die höhere Kohlenreife dort nur ein Beispiel für die Hiltsche Regel ist. Das gilt z. B. für die höheren Inkohlungsgrade im stärker gefalteten südlichen Teil des Ruhrgebietes.

Trotzdem gibt es eine große Anzahl von Fällen, die den Zusammenhang von Inkohlung und Schichtfaltung erkennen lassen. DAVID WHITE und WILHELM PETRASCHECK haben für Nordamerika und Europa seit 30 Jahren nachdrücklich auf diese Beziehung hingewiesen. In den Appalachen liegen die Steinkohlen in den schwächer, die Anthrazite in den stärker gefalteten Gebieten. In Canada liegen in den ungefalteten Teilen der großen Ebene kretazische Weichbraunkohlen, westwärts gegen den Gebirgsrand gehen die Flöze in Glanzbraunkohle über und in den Falten der Rocky Mountains erscheinen sie als Steinkohlen (Abb. 41). Die oligozänen Flöze der Südalpen sind im Bereich der stärksten Störungszone kokbare Steinkohlen, weiter nach Süden bei abnehmender Faltung im Trifailer Revier Mattbraunkohlen und in den flachliegenden südlichsten Becken Sloveniens Weichbraunkohlen. Im Oberschlesischen Becken nimmt die Inkohlung derselben Flözgruppen von den ungefalteten Teilen im Osten zu den stark gefalteten Randgebieten im Westen stetig zu. Die jungtertiären Kohlen von Köflach, am Rande der Grazer Bucht in Steiermark sind Weichbraunkohlen, die gleichalten in der eingebrochenen und gefalteten inneralpinen Mulde von Leoben bei gleicher Überlagerungsmächtigkeit hochwertige Glanzbraunkohlen. Die ungestört liegenden eozänen Kohlen von Palana (Rajputana) sind Braunkohlen mit 47% flüchtigen Bestandteilen, die gleichalten und gleichartig überlagerten, aber von der Himalaja-Faltung erfaßten Kohlen von Jamnu (Kashmir) sind Steinkohlen mit 18—20% flüchtigen Bestandteilen.

Die oft zitierte untercarbonische Weichbraunkohle von Moskau ist völlig ungefaltet, tertiäre Steinkohlen und Anthrazite in den Westalpen und in Südeuropa befinden sich in Bereichen stärkster Auswirkung des gebirgsbildenden Druckes.

Die vierte geologische Erfahrung schließlich besagt, daß die älteren Kohlen sehr oft reifer sind als die jüngeren. Nicht umsonst nennt man auf Grund der mitteleuropäischen Verhältnisse das Carbon Steinkohlenzeitalter, das Tertiär Braunkohlenzeitalter. Unsere Tabelle auf Seite 48 zeigt diese Regel, aber auch ihre beträchtlichen Ausnahmen, zu denen die eben genannte carbonische Braunkohle von Moskau und die tertiären Steinkohlen alpiner Gebirge gehören. Es ist also kritisch zu prüfen, ob die Zeit an sich ein die Inkohlung begünstigender Faktor ist oder ob sie nur indirekt durch häufigere Gelegenheit zu Faltung und vulkanischer Durchwärmung zu wirken scheint.

Die Ursachen der Kohlenreifung

Die Ursachen der Kohlenreifung sind bis heute sehr umstritten. Es gibt Wissenschaftler, die für die Inkohlung hauptsächlich *eine* Ursache verantwortlich machen, andere mehrere. Die auf exakten Gesetzen aufgebauten klaren Behauptungen der Chemiker stehen z. T. im Widerspruch zu den aus erdweiten Beobachtungen abgeleiteten Folgerungen der Geologen. Auch innerhalb dieser beiden Gruppen herrscht keine Einigkeit. Gleichartige Diskussionen spielen sich in der deutschen, englischen und der russischen Fachliteratur ab.

Die Schwierigkeit der Behandlung des Problems liegt darin, daß das Inkohlungsexperiment im Laboratorium nicht die viele Millionen Jahre umfassende Dauer des natürlichen Vorganges reproduzieren kann; andererseits ist es in der Natur kaum möglich, Vergleichsmaterial von Kohlen zu finden, bei denen nur einer der für die Reifung in Frage kommenden Faktoren verschieden war, während die anderen überall gleich waren. Diese Faktoren seien im folgenden dikutiert:

Die pflanzliche Ausgangssubstanz kann nur eine untergeordnete Rolle spielen, da die höhere Flora aller Formationen grundsätzlich alle Kohlenarten geliefert hat. Kleinere Abweichungen von der Folge der Hiltschen Regel können bei duritischen Flözen mit ihrem höheren Gehalt an flüchtigen Bestandteilen zustande kommen. Sie werden durch Beschränkung auf Vitritanalysen ausgeschaltet.

Die Zersetzungsbedingungen und das geochemische Milieu des Torflagers können ebenfalls Abweichungen von der Hiltschen Regel bewirken. Das Koksflöz in den Ostrauer Schichten, das als einziges zwischen nicht kokbaren Flözen liegt, verdankt seine Eigenschaften der unmittelbaren Bedeckung durch Meereswasserablagerungen. In gleicher Weise wird die zunehmende Reife der Trifailer Kohle gegen Osten mit zunehmendem marinen Einfluß erklärt. Auch für den hohen Inkohlungsgrad der alttertiären Glanzbraunkohle Sardiniens wird marine Bedeckung verantwortlich gemacht. Aber niemals können auf diese Weise die prinzipiellen Entstehungsbedingungen von Steinkohle und Braunkohle erklärt werden, wie es W. Fuchs tut. Die Gesetzmäßigkeiten der zunehmenden Reife mit der Tiefe wären so nicht verständlich. Würde die Bildung der Kohlenarten nur von der jeweiligen Verfügbarkeit von Sauerstoff bei der biochemischen Zersetzung abhängen, so müßten Braunkohlenflöze und Steinkohlenflöze in buntem Wechsel auftreten.

Die Temperatur ist zweifellos ein Inkohlungsfaktor. Manche Chemiker fordern 400 Grad und mehr für die Bildung der Steinkohle. Da manche Harze sich bei 150—200 Grad verfärben, können aber Steinkohlen mit unverfärbten Harzen nie höhere Temperaturen erreicht haben. Bei der durchschnittlichen Zunahme der Erdtemperatur mit der Tiefe entsprechen 3000 m Überlagerung erst einer Temperatur von 100 Grad. Gewiß wird die Zunahme der Erdwärme auch in der geologischen Vergangenheit sowie heute in verschiedenen Gebieten sehr verschieden gewesen sein. Es ist darum für die Erklärung der Hiltschen Regel *allein* durch die Erdwärme bedenklich, daß die Kohlenreifung pro 100 m Tiefe auch in solchen Gebieten, wo die Zunahme der Temperatur aus Gründen des geologischen Untergrundes viel schwächer ist (Illinois, Damuda Revier in Indien) im selben Maße erfolgte, wie in Kohlenrevieren mit normaler Erdwärme. In anderen Fällen wird die Erdwärme sicher inkohlend gewirkt haben, z. B. bei den flach gelagerten und wenig überdeckten hochwertigen Braunkohlen von Simitli in Bulgarien, wo in der nächsten Umgebung 70⁰ heiße Thermalquellen austreten. Gewiß darf die physikochemische Regel nicht übersehen werden, daß eine Temperaturerhöhung um nur 10 Grad die Reaktionsgeschwindigkeit verdoppelt. Wenn aber andererseits von chemischer Seite auf Grund thermodynamischer Gleichungen dargelegt wurde, daß *nur* eine hohe Temperatur von 1000 Grad an einem vulkanischen Gesteinsgang eine Inkohlung höchstens auf 1 m Entfernung verursachen *kann*, so sei auf das erwähnte Beispiel von Handlova verwiesen, wo ein mehrere Meter mächtiges Weichbraunkohlenflöz dort, wo 20 m tiefer in der Erde eine vulkanische Schmelzmasse stecken geblieben ist, zu Glanzbraunkohle wurde. Wer solche Tatsachen zugunsten theoretischer Ableitungen übersieht, erinnert an den Spruch von CHRISTIAN MORGENSTERN:

„Und also schließt er messerscharf,
daß nicht sein kann, was nicht sein darf."

Der Druck, ob Belastungsdruck oder Faltungsdruck, wird von den meisten Chemikern als Ursache der Inkohlung abgelehnt, weil er nicht eine Reaktion verursachen könne, bei der das Volumen der Endprodukte — nämlich reifere Kohle + freiwerdende flüchtige Bestandteile — größer ist als das Volumen des Ausgangsstoffes. Dabei wird aber vergessen, daß in der Erde kein geschlossenes Gefäß vorliegt, sondern daß die freiwerdenden flüchtigen Bestandteile als Gase durch das Nebengestein entweichen. Die sehr maßgebliche Mitwirkung des Belastungsdruckes bei der Inkohlung wird bestätigt durch die mit der Tiefe zunehmende Verfestigung des Nebengesteins der Flöze, welche im selben Umfang zunimmt wie die Inkohlung und welche nur auf Zusammenpressung zurückgeführt werden kann. Die gleiche Wirkung auf Kohle und auf Nebengestein hat der gebirgsbildende Druck. Der Versuch, die stärkere Inkohlung der gepreßten und gefalteten Flöze auf die Reibungswärme durchzuführen, scheint wenig wahrscheinlich, da die gebirgsbildenden Bewegungen so langsam vor sich gehen, daß diese Wärme gleich abgeleitet wird. Die neuerdings von den Chemikern G. Huck und W. Karweil herangezogene Erklärung, daß durch den Druck die reagierenden Moleküle einander genähert werden, und dadurch die Inkohlungsreaktion begünstigt wird, ist vielleicht die Lösung aus dem Dilemma.

Die Zeit war früher als wesentlicher Inkohlungsfaktor angesehen worden. Sie wurde dann auf Grund der oben erwähnten großen Unstimmigkeiten zwischen Alter und Art vieler Kohlen abgelehnt und ihr nur die Rolle eines Gelegenheitsvermittlers für vulkanische und gebirgsbildende Beeinflussungen zugesprochen. (Wer älter ist, konnte meist mehr erleben.) Sie wird neuerdings von Huck und Karweil in Deutschland, W. Francis in England wieder eingeführt, da nach thermodynamischen Gesichtspunkten eine Reihe der Inkohlungsreaktionen selbsttätig unter Verringerung der freien Energie verlaufen. Unter Berücksichtigung der reaktionsbeschleunigenden Wirkung der Temperatur haben die beiden erstgenannten Forscher Gleichungen aufgestellt, welche aus der Zusammensetzung der Ausgangskohle, aus der Versenkungstemperatur und aus der geologisch bekannten Zeitdauer der Versenkung den Inkohlungsgrad des Endproduktes

zu errechnen erlauben. Diese Rechnungen stimmten in einer
Reihe von Beispielen mit den geologischen Annahmen und Beobachtungen vorzüglich überein. In einigen Fällen bestehen
aber noch Abweichungen. Sie könnten wohl durch Einführung
des Druckes in die Formel behoben werden. So ist z. B. die
obermiozäne Kohle von Leoben eine reife Glanzbraunkohle, die
gleichalte Kohle von Köflach eine Weichbraunkohle; in beiden
Fällen betrug die ursprüngliche Überlagerung rund 400 m. Ausgangsmaterial, Versenkungstemperatur und Reaktionsdauer waren also gleich. Aber die Leobener Kohle ist zwischen starren
Gebirgsschollen eingepreßt und gefaltet, die Köflacher Kohle
liegt nur schwach gewellt am Rande einer offenen Bucht.

Der Belgier M. LEGRAYE und kürzlich auch der Russe W. I.
SKOK haben komplexe Inkohlungsabläufe erfolgreich analysiert.

*Nunmehr sind wir in der Lage, die am Ende des ersten Kapitels aufgeworfene Frage zu beantworten, wo das Defizit an Energie geblieben ist,
das sich aus dem Vergleich der Bildungsenergie der Pflanzensubstanz und
der Verbrennungswärme der entsprechenden Kohlenmenge ergibt:* Im
biochemischen Akt der Inkohlung beziehen Kleinlebewesen ihre
Lebensenergie aus dem Torf und der unreifen Kohle, im geochemischen Akt verlaufen die Vorgänge zum größten Teil selbsttätig unter Freiwerden einer gewissen, wenn auch gleich abgeleiteten Inkohlungswärme und vor allem unter Entbindung von
Gasen (CH_4), die selbst einen großen Heizwert haben. *Bei der
Kohlenreifung wird also Energie verbraucht und abgespalten.*

Die Inkohlung ist ein sehr mannigfaltiger Prozeß und nicht
nach *einem* Schema zu beurteilen.

V. Die Verformung der Kohlenflöze durch den Gebirgsdruck

Nehmen wir ein Stück Steinkohle in die Hand, so erscheint es
ziemlich hart, aber jedenfalls spröde. Ganz anders haben sich
aber offenbar die Kohlenflöze bei den Schichtstörungen und
Faltungen durch den Gebirgsdruck verhalten. Da zeigen sie
gegenüber den Nebengesteinen oft solche Verformungsbilder,
wie wir es von den plastischen Gesteinen Ton und Salz gewohnt
sind. Die Flöze sind zu besonderer Dicke zusammengeschoppt

in den sich bildenden Aufblätterungshohlräumen der Faltenumbiegungen (Abb. 42 b) oder aufgestaut vor den Widerlagern, die durch Schichtenverwerfungen verursacht sind (Abb. 42 a), oder eingepreßt in Spalten des Nebengesteins (Abb. 42 c), oder perlschnurartig verdickt und verdünnt wie eine ungleichmäßig ausgewalzte Platte (Abb. 43). Wie kommt diese Beweglichkeit zustande?

Sehen wir die Kohle derartig verformter Flöze genauer an, so zeigt sie sich weitgehend zerdrückt und zerrieben. Manche

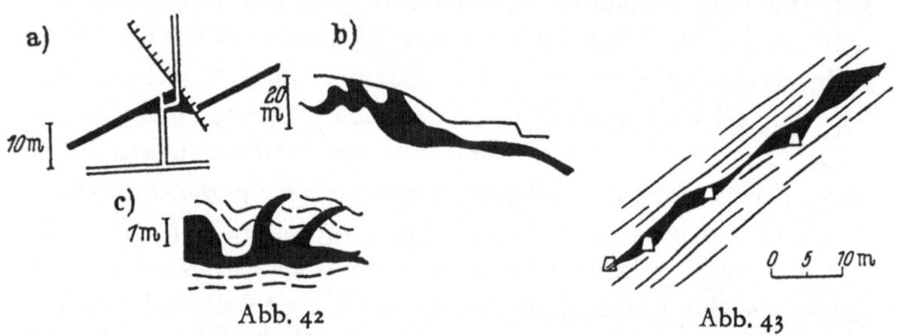

Abb. 42. Scheinbar plastische Verformung von Kohlenflözen. a) Flözverdickung in Faltenumbiegungen im Balkan-Revier, Bulgarien (nach N. Wassileff). b) Anschoppung der Kohle vor Widerlagern durch eine Verwerfung in Niederschlesien (nach W. E. Petrascheck). c) Einpressung von Kohle in Klüfte, Nappe de Morcles, Westalpen (nach L. Feugueur)

Abb. 43. Perlschnurartige Flözverdickungen im Anthrazit von Turrach, Steiermark (nach W. Petrascheck)

Steinkohlen in den nördlichen Kalkalpen, in Serbien, in Niederschlesien sind geradezu zu einem Kohlenpulver geworden. Das plastische Verhalten ist also nicht auf einen weichen Zustand zurückzuführen, sondern auf eine Beweglichkeit kleinster Kohlenteilchen an Verschiebungsflächen, die nur in Millimeterabstand kreuz und quer die Kohle durchsetzen. *Die Kohle war also schon ein fertiges sprödes Gestein, als sie zerrieben und dann als mürbe oder z. T. pulverisierte Masse in Ausweichstellen des Schichtbaus eingepreßt wurde.* Die Reifung des weich-plastischen Torfes zur spröden Kohle hat *vor* den gebirgsbildenden (sog. tektonischen) Bewegungen stattgefunden, *die Inkohlung war praetektonisch* (= vortektonisch).

Es gibt seltenere Fälle, wo ein Flöz ebenfalls Verdickungen und Verdrückungen zeigt, welche offensichtlich auf eine Materialwanderung während der Verformung zurückzuführen sind, bei welcher aber die Kohle heute fest und hart geblieben ist. Ein solches Beispiel ist die Glanzbraunkohle von Leoben. Hier muß die Verformung vor oder zumindest gleichzeitig mit der verfestigenden Inkohlung stattgefunden haben. Der harten glänzenden Kohle sieht man mit freiem Auge nichts von einer inneren Teilbewegung im Gefüge an. Wenn man aber aus den verdickten Stellen des Flözes Probestücke entnimmt und ihre ursprüngliche Lage in der Falte irgendwie bezeichnet und sie dann nach jener Fläche anschleift, die der Ebene der Faltung entspricht und diese Schliff-Fläche nunmehr ätzt, so zeigen sich auf einmal im Gefüge Stauchungen und Fältelungen, die genau so orientiert sind, wie die Falten im Großen (Abb. 44). Es hat also wirklich auch hier eine entsprechende Teilbewegung im Gefüge stattgefunden, aber sie war im weichen Zustand der noch unreifen Kohle erfolgt und die austrocknende und verhärtende Kohlenreifung überdauerte die Bewegung. *Das ist die paratektonische[1] Inkohlung.*

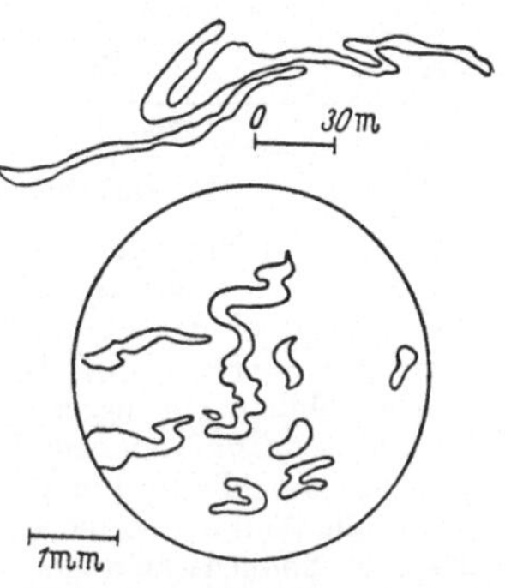

Abb. 44. Stauchung eines Flözes im Großen und gleichorientierte mikroskopische Stauchung der Kohle im geätzten Anschliff. Glanzbraunkohle Leoben (nach W. E. Petrascheck)

Dieser Gesichtspunkt des zeitlichen Verhältnisses von tektonischer Deformation und Inkohlung, den der Verfasser vor 20 Jahren abgeleitet hat, ist in letzter Zeit von R. Teichmüller aufgegriffen und erweitert worden. In besonders eindrucksvoller Weise hat ihn dieser Forscher am Inkohlungsgrad der Ruhrflöze dargestellt. Hier erwies sich die Kohlenreife als fast unabhängig von der Stärke der Flözfaltung, vielmehr überwiegend als abhängig von der ursprünglichen Tiefenlage nach der Hiltschen Regel. Die Linien, welche Kohlenproben von gleichem Gehalt an flüchtigen Bestandteilen verbinden, zeigen fast die gleiche Faltung wie die Schichten selbst (Abb. 45). Die Kohlen waren also prätektonisch noch in flacher Lagerung inkohlt. Aus diesem

---

[1] Paratektonisch heißt gleichzeitig mit den tektonischen Faltungen.

zeitlichen Verhältnis von Flözfaltung und Inkohlung erklärt sich auch ein strukturelles Merkmal, das wir schon auf Seite 18 erwähnt hatten: die optische Auslöschungsrichtung der doppelbrechenden Kohlen bei mikroskopischer Betrachtung unter polarisiertem Licht. Die dabei feststellbare Doppelbrechung ist durch Spannungen verursacht worden, welchen die Kohle in einem frühen, noch kolloidalen Stadium unterworfen war. Bei den prätektonisch inkohlten Kohlen, welche ihre Reifung in noch horizontaler Lagerung durch den vertikalen Belastungsdruck erfahren haben, ist diese optisch erkennbare Spannungsrichtung senkrecht zur Schichtung orientiert, auch dann, wenn die Flöze bei der Faltung später schräg gestellt wurden. Bei den paratektonisch inkohlten Kohlen wirkte der horizontale Gebirgsdruck auf die sich gleichzeitig schräg stellenden Flöze ein und prägte ihnen so eine schief zur Schichtung gerichtete Doppelbrechung auf.

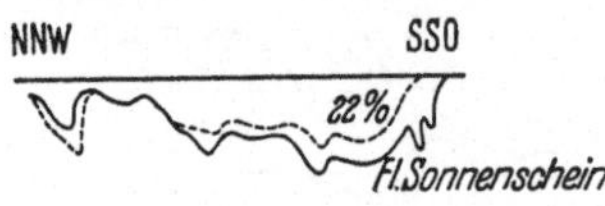

Abb. 45. Gleichartiger Verlauf der Flözfalten und der Linien gleichen Inkohlungsgrades im Ruhrgebiet als Beweis prätektonischer Inkohlung. Die ausgezogene Linie stellt das Flöz Sonnenschein dar, die strichlierte Linie verbindet alle Punkte, wo die Kohle des Flöz Sonnenschein und der benachbarten Flöze 22% flüchtige Bestandteile enthält (nach R. und M. Teichmüller)

Neben den mikroskopischen Strukturveränderungen der Kohle gibt es auch solche größeren Maßstabes. Das auffälligste und wichtigste ist die *Klüftung*. Die Klüfte — in der Bergmannssprache auch Schlechten oder Lassen genannt — sind in Scharen auftretende regelmäßige Fugen oder Ablösungsflächen in der Kohle (manchmal werden nur die klaffenden Fugen als Klüfte, die Ablösungsflächen als Schlechten bezeichnet). Die Kohlenklüfte können senkrecht zur Flözschichtung stehen oder zu ihr geneigt sein. Die Neigungsrichtung spielt für die Gewinnung der Kohle eine Rolle; diese wird erleichtert, wenn die Ablösungsflächen gegen den Angriffsort hin geneigt sind. Sehr oft sind zwei, ungefähr unter rechtem Winkel zueinander stehende Kluftscharen ausgebildet und die Erstreckungsrichtung dieser Scharen steht oft in Beziehung zu den großen Störungslinien im Schichtbau des kohleführenden Reviers. Das sind zweifellos durch die gebirgsbildenden Kräfte bewirkte Schlechten.

Auf glatten Kluftflächen mancher homogener und glänzender Kohlen finden sich kleine kreisrunde Flecken. Man erklärt diese „Augenkohlen" als eine Druckerscheinung. Die bei Bewegungen im Flöz entstandenen runden abgedrehten Kohlenbrocken, „Kugelkohlen" oder „nigger heads" genannt, sind eine Seltenheit.

Im großen Schichtverband werden die Kohlenflöze natürlich von denselben Lagerungsstörungen betroffen, wie die Schichten anderer Gesteine: Faltungen, Verwerfungen, Überschiebungen. Allzuoft erlebt es der Bergmann in manchen Revieren, daß die Flöze von den Verwerfungen (Sprüngen) plötzlich abgerissen sind, so daß es ihm schwer fällt, vorauszusagen, nach welcher Seite die abgetrennte Fortsetzung verschoben worden ist. Wenn viele Flöze und zahlreiche verschiedenartige Lagerungsstörungen vorhanden sind, können sehr unübersichtliche Verhältnisse zustande kommen.

Die mechanische Deutung der gebirgsbildenden Vorgänge gehört zu den schwierigsten, aber auch interessantesten Kapiteln der Geologie. Handelt es sich doch hier um Vorgänge, die wir nicht wie die Tätigkeit von Wasser und Wind mit eigenen Augen an der Erdoberfläche beobachten können, sondern um Vorgänge in der Tiefe, von denen wir nur die Folgen an den Verlagerungen und Veränderungen der Gesteinsschichten bemerken. Die Art der Kräfte und der Zustand der Gesteine während ihrer Verformung aber ist uns unbekannt. Die Geländestufen und Spalten, die bei den schwersten Erdbeben an der Oberfläche entstehen, sind nur ein schwacher Reflex der Umwälzungen im Untergrund, in der Größenordnung nicht vergleichbar mit den Versetzungen um Zehner oder Hunderte von Metern, welche an den Verwerfungen oft die Teile eines Flözes betroffen haben. Noch weniger Analogien haben wir in den uns zugänglichen Bereichen für die Verbiegungen und Faltungen der viele 1000 m mächtigen flözführenden Serien etwa im Ruhrgebiet. Das Deformationsbild läßt auf einen seitlichen Zusammenschub, auf eine Knickung und Knitterung übereinanderliegender Schichtplatten durch horizontalen Druck schließen, aber die Größe dieser Kräfte ist nicht vorstellbar.

Glücklicherweise ist da die Kohle ein besonders empfindliches Gestein, das bei solchen Beanspruchungen strukturelle, physikalische und chemische Änderungen erfährt, von denen wir oben

mehrfach gesprochen haben. Und gerade diese Änderungen erlauben es uns, gewisse Rückschlüsse auf das Einsetzen und die
Stärke der faltenden Kräfte zu ziehen.

Schon die behandelten Merkmale der prätektonischen und para-
tektonischen Inkohlung erlauben Erkenntnisse über die geologische Geschichte eines Gebietes, über das zeitliche Verhältnis
von Ablagerung und Faltung. Wir können aber nur noch weiter
schließen:

Wir haben bei der Besprechung der Hiltschen Regel gesehen,
daß die Kohlen mit der Tiefe eine recht regelmäßige Abnahme
an flüchtigen Bestandteilen erfahren. Das Mittel beträgt 1,4% pro
100 m. Nach meiner Auffassung ist das in starkem Maße eine
Folge des Belastungsdruckes. Dieser beträgt bei einer Dichte des
auflastenden Gesteines von 2,5 also 25 kg/cm² für 100 m (eine
10 m hohe Wassersäule drückt auf den Boden mit 1 kg/cm², eine
10 m hohe Gesteinssäule 2,5 kg/cm² und eine 100 m hohe Gesteinssäule eben 25 kg/cm²). Eine Abnahme um 1% flüchtige
Bestandteile würde also, wenn dies *nur* auf den Druck zurückzuführen wäre, 18 kg/cm² Druck entsprechen. Nun spielt aber
zweifellos auch die Temperaturzunahme mit der Tiefe mit und
ich möchte — vorsichtiger als ich es noch vor wenigen Jahren bei
der Entwicklung dieser Berechnung tat — nur etwas mehr als
die Hälfte der Tiefeninkohlung dem Druck zuschreiben. Wir können also der Größenordnung nach schätzen, *daß 1% Abnahme der
flüchtigen Bestandteile nur durch Druck ca. 25 kg/cm² entspräche*[1]. Damit
hätten wir eine zahlenmäßige Beziehung zwischen Druck und Inkohlung. Dieses Maß können wir anwenden, wenn wir in einem
gefalteten Kohlenrevier ein und dieselbe Flözgruppe vom schwach
deformierten Bereich in den stark deformierten verfolgen —
unter sonst gleichartigen Bedingungen der Ausgangssubstanz und
der Tiefenlage. Dann muß der Inkohlungsunterschied zwischen
den beiden Bereichen nur auf den Druck, und zwar hier auf den
horizontalen faltenden Druck zurückzuführen sein. Den können
wir nun mit dem obigen aus der Vertikalen gewonnenen Maß

---

[1] Bei einer Kohlenreifung, die auf das Zusammenwirken von Druck und
Temperatur zurückgeht, können aber die 18 kg/cm² allein nicht die Entgasung um 1% bewirkt haben. Ein Prozent Abnahme der flüchtigen Bestandteile nur durch Druck erfordert also mehr als 18 kg/cm².

messen. Im Oberschlesischen Becken (Ostrauer Revier) nimmt
z. B. die Faltungsintensität vom Osten gegen den Westrand stark
zu. Gleichzeitig fällt damit innerhalb jeweils derselben Flözgruppen der Gehalt an flüchtigen Bestandteilen um 12—14% (Abb. 46).
Wenn 1% rund 25 kg/cm² Druck bedeutet, würde der Faltungsdruck 300—350 kg/cm² betragen haben. Ähnliche Werte lassen
sich in anderen Kohlenrevieren errechnen.

Dieser Druck mag uns sehr gering vorkommen, wenn wir die
Festigkeit von Gesteinen beim technischen Versuch vor Augen
haben. Aber wir dürfen nicht vergessen, daß eine lange Zeit
dauernde Beanspruchung gerade bei Gesteinen eine plastische

Verformung bewirken
kann (man denke an Mar-
morplatten von Denk-
mälern, die sich im Lauf
der Jahre durch ihr eige-
nes Gewicht durchgebo-
gen haben).

Aber gerade die Koh-
lengeologie weist uns auf

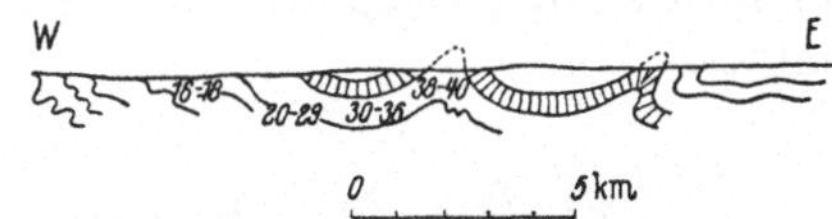

Abb. 46. Abnahme des Gehaltes an flüchtigen Bestandteilen in der Kohle der Unteren
Ostrauer Schichten mit Annäherung an den
stärker gefalteten Westrand des Oberschlesischen Beckens (nach K. Patteisky)

eine weitere Erscheinung hin, welche die Richtigkeit der Größenordnung unserer Schätzung bestätigt: Die Nebengesteine der Flöze
sind im allgemeinen umso dichter und fester, je reifer die Kohle
ist. Diese Abnahme des Raumgewichtes ist auf eine Zusammendrückung der Gesteinsporen zurückzuführen. Sie ist also keine
Temperatureinwirkung, sondern eine Druckwirkung. Das Raum-
gewicht der Sandsteine in den Flammkohlenschichten des Ruhrgebietes wurde mit 2,35 gemessen, das der Sandsteine in den tiefen
Magerkohlenschichten mit 2,60. Ebenso stetig erfolgte die Zunahme in den Schiefertonen von 2,55 auf 2,70.

Wir können also eine Zunahme des Raumgewichtes pro 100 m
Tiefe als einen Maßstab für den Belastungsdruck verwenden und
wir können — mit der nötigen kritischen Vorsicht — auch eine
Zunahme des Raumgewichtes von Gesteinen ungefalteter Gebiete zu gefalteten Gebieten als Ausgang für eine ähnliche Berechnung des Faltungsdruckes benützen. Solche Unterschiede
ließen sich schon in verschieden stark beanspruchten Teilen von
Faltenzonen des Aachener Reviers und des Ruhrreviers feststellen.

Noch klarere und sicherere Durchschnittswerte erhält man, wenn man anstatt des Raumgewichts die Fortpflanzungsgeschwindigkeit von Erschütterungswellen künstlicher Erdbeben heranzieht, welche ebenfalls mit zunehmender Zusammenpressung des Gesteins von oben nach unten sowie vom ungefalteten ins gefaltete Gebiet zunimmt. Man gelangt bei solchen vergleichenden Berechnungen ebenfalls auf Faltungsdrucke von einigen 100 kg/cm^2 — sogar etwas höher als bei der Kohle — bei der ich also seinerzeit die Temperaturwirkung etwas zu klein angenommen hatte. Die Größenordnung stimmt jedenfalls sehr gut überein. Wir sehen, daß uns die Kohlengeologie, scheinbar nur eine Domäne praktischer Bergleute, mancherlei sehr theoretische Ausblicke vermittelt.

VI. Die Zerstörung der Kohlenflöze

Die Gesteine der Erdkruste unterliegen einem ewigen Kreislauf. Sie werden abgelagert, aber sie werden auch wieder durch Wasser, Eis, und Luft zerstört. Die Zerstörungsprodukte werden wieder abgelagert.

So ergeht es auch den Kohlenflözen. Flußläufe wuschen bisweilen in die eben gebildeten Torflager Rinnen aus und füllten dann diese Rinnen mit Schotter und Sand. Wo der Bergmann noch gestern in seinem Stollen Kohlen abbaute, stößt er heute auf taubes Gestein. In diesem liegen zwischen Kieseln und Geröllen auch Brocken von Kohle, die manchmal mehr, manchmal weniger gerundet sind (Abb. 47).

Die Entstehung dieser *Kohlengerölle* ist ein gewisses Problem. Sie kommen nämlich oft in Sandsteinen vor, welche unmittelbar über dem Flöz liegen (Abb. 48). Die Art der bisweilen scharfkantigen Kohlenbrocken läßt darauf schließen, daß die Kohle schon zur Zeit der Auswaschung ein gewisses Stadium der Reife hatte, also nicht mehr Torf war. Also fing die Inkohlung ziemlich bald an. Eingedrückte Sandkörner weisen aber noch auf eine gewisse Weichheit hin. Wahrscheinlich war es noch Weichbraunkohle, die in feuchtem Zustand runde Gerölle, in trockenem Zustand eckige Brocken bildete; die Reifung zur Steinkohle erfuhren diese Stücke dann später zusammen mit den zugehörigen Flözen.

In der Lausitz und in Niederschlesien haben erst später die Schmelzwasser der Eiszeit ihre *Auswaschungsrinnen* in die tertiären Schichten mit ihren Flözen eingegraben und beträchtliche Teile der Kohle entfernt (Abb. 49).

In Ostdeutschland sind die tertiären Braunkohlenflöze auch von den in verschiedenen Etappen vorstoßenden diluvialen Eismassen

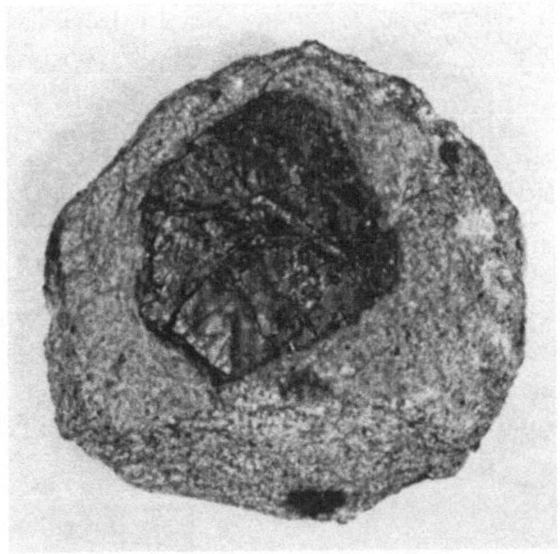

Abb. 47. Steinkohlengeröll im flözführenden Carbonsandstein von Zonguldak, Türkei (nach W. E. PETRASCHECK)

gestört worden (Abb. 50). Sie sind zu Falten und Schuppen zusammengestaucht worden, besonders in dem hufeisenförmigen Hügelzug des sog. „Muskauer Faltenbogens" in der Lausitz, der dem Ende eines ehemaligen Inlandgletschers vorgelagert ist. Man hat eine zeitlang diskutiert, ob derartige starke Lagerungsstörungen nicht etwa doch auf wirkliche gebirgsbildende Kräfte zurückzuführen seien. Dagegen spricht allein schon die Tatsache, daß diese Faltungen nur auf die oberen Schichten beschränkt sind, während die tieferen Schichten ruhig gelagert sind. Beobachtungen in Grönland haben gelehrt, daß im Bereich der Vereisung der Boden bis 100 m tief hart gefroren ist, so daß er von den vordrückenden Gletschermassen tatsächlich zu starr reagierenden Schollen zusammengeschoben wird.

Im österreichischen Alpenvorland haben die eiszeitlichen Gletscher die tertiären Kohlenflöze aufgeschürft und Kohlenblöcke
in dem Moränenschutt abgelagert. Die Auffindung solcher Kohlenbrocken in Sand und Kiesgruben hat die Veranlassung zu
Tiefbohrungen in den Untergrund gegeben. So wurde das nach
dem Krieg entwickelte Salzach-Kohlenbaufeld entdeckt.

Der Eisdruck hatte keinerlei veredelnde Wirkung auf die Kohle, weil die tiefere Temperatur jede chemische Reaktion verhinderte.

In Kohlenflözen finden sich bisweilen Rippen von Sand oder Sandstein oder Konglomerat. Es sind Spalten, die von oben her gefüllt worden sind.
In den Steinkohlenflözen von Sachsen und Niederschlesien nennt
man sie Riegel. Die freigelegten Braunkohlenflözoberflächen der
Lausitz lassen bisweilen erkennen, daß es sich um ein polygonales

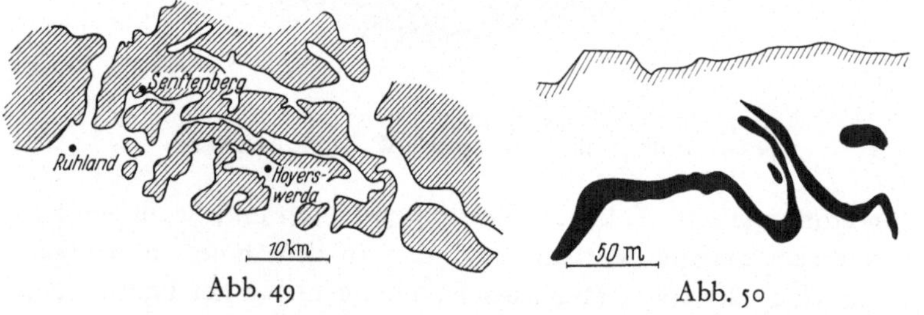

Abb. 48. Carbonischer Sandstein auf ausgewachsener Flözoberfläche. Zonguldak, Türkei (nach W. E. PETRASCHECK)

Abb. 49

Abb. 50

Abb. 49. Eiszeitliche Auswaschungsrinnen im Lausitzer Unterflöz (nach F. ILLNER)

Abb. 50. Stauchung eines Braunkohlenflözes durch Eisdruck. Tagbau Finken-
herd an der Oder (nach W. FRIES)

Netz von Sandklüften handelt, der Form nach den Trockenrissen
im Schlamm gleichend, aber von viel größerer Seitenlänge. Es
handelt sich um Schwundrisse, welche bei der Reifung vom Torf
zur Kohle entstanden und in welche die darüber liegenden noch
lockeren Ablagerungen hineinflossen. Solche Sandklüfte sind bei
der Baggergewinnung der Braunkohle sehr unerwünscht.

Wie alle Gesteine, so verwittern auch die Kohlen, wenn sie durch die natürliche Abtragung freigelegt werden und den Atmosphärilien ausgesetzt sind. Die *Verwitterung* besteht in einer Oxydation besonders der flüchtigen Bestandteile. Dadurch verringert sich der Heizwert der Kohle beträchtlich. Besonders stark ist die Zersetzung, wenn die Kohle Schwefelkies enthält, der zu schwefeliger Säure wird. Die Stelle eines Flözes, das an der Erdoberfläche sichtbar wird, nennt man Ausbiß. Die Ausbißkohlen sind weich und mulmig und ihr Aschengehalt ist wegen des Verschwindens eines Teiles der organischen Substanz angereichert. Aus diesem Grund ist auch die Dicke der verwitterten Flöze geringer als die ursprüngliche. Manchmal erscheint ein Kohlenausbiß am Boden nur wie ein Streifen dunkler Erde. Man muß mehrere Meter tiefer graben, um das unzersetzte Flöz zu finden und seine wahre Stärke und Qualität beurteilen zu können.

Zu den Verwitterungserscheinungen gehört auch die *Selbstentzündung* der Kohle. Auf den Halden der Bergwerke brennt die unreine Kohle oft langsam weiter. Die begleitenden Tonschiefer werden rot gebrannt. Dieser Vorgang hat auch häufig die Ausbisse von Flözen erfaßt. In Arkananien in Griechenland oder in der Muntenia in Rumänien sind die ausbeißenden Braunkohlenflöze auf Kilometerlänge von roten Erdbrandgesteinen begleitet. Bisweilen geht die Verbrennung tief in die Erde hinein, wenn Spalten für Luftzufuhr sorgen. Der „brennende Berg" von Dudweiler im Saargebiet war schon GOETHE als Phänomen bekannt. Noch heute steigt dort Dampf aus Gesteinsspalten im Walde —, ein ganzes Flöz verbrennt. Besonders lästig und gefährlich ist die Selbstentzündung der Kohle im Bergbau. Manche Kohlen fangen sofort an zu brennen, wenn sie durch den Abbau zerklüftet werden und frische Luft Zutritt hat.

Die Selbstentzündung der Kohle ist auch ein wissenschaftliches Problem. Man hat früher die Oxydation des in ihr oft enthaltenen Schwefelkieses dafür verantwortlich gemacht. Das ist sicher zum Teil richtig. Auch in manchen Schwefelkiesbergwerken entwickelt sich eine große Oxydationswärme. Aber es gibt auch schwefelkiesfreie Kohlen, die von selbst brennen. Laboratoriumsuntersuchungen in England haben gezeigt, daß solche Kohlenproben im reinen Sauerstoff sich weniger stark erwärmten als in

Wasserdampf. Daraus wurde geschlossen, daß die sog. Benetzungswärme, die bei der Anlagerung der Feuchtigkeit an die innere Oberfläche (Porenoberfläche) der Kohle entsteht, die Ursache der Entzündung sein kann. Tatsächlich begünstigt feuchte Luft im Bergwerk vielfach die Selbstentzündung.

VII. Die Geologie im Kohlenbergbau

Die Wissenschaft hat zwei Ziele, ein theoretisches der Erkenntnis an sich und ein praktisches des Dienstes am Leben der Menschheit. Der glücklichste Zustand ist aber dann erreicht, wenn sich diese beiden Ziele vereinen. Denn jeder praktische Vorschlag baut auf theoretischen Erkenntnissen auf, die scheinbar ferne von jeder Nutzanwendung gewonnen wurden, und jede angewandte Wissenschaft arbeitet mit den gleichen exakten Begriffen und Methoden wie die grundlegende Forschung. Andererseits dient es der theoretischen Wissenschaft, daß ihre Aussage und Vorstellungen immer wieder von der Praxis nachgeprüft werden und deren wirtschaftlichen Gesichtspunkten standhalten müssen. Das erzieht den Forscher zur Vorsicht und zur Verantwortlichkeit. Es steckt noch ein Rest von Dünkel in dem Wort von der „reinen Wissenschaft" — als ob die angewandte Wissenschaft irgendwie unrein wäre —, es gibt nur *eine* Wissenschaft, in der der menschliche Geist sich zu bewähren hat. Denn es ist die Bestimmung des Menschen, zu denken *und* zu leben und Philosophie und Technik sind zwei Seiten derselben Aufgabe.

Die Aufsuchung der Kohlenlager

Bei der Auffindung neuer Kohlenfelder war die Geologie bisher viel weniger beteiligt als bei der Auffindung neuer Erdölfelder. Die überwiegende Mehrzahl der Kohlenbergbaureviere ging irgendwo von sichtbaren „Ausbissen" der Kohlenflöze an der Oberfläche aus, wenngleich sich die unterirdischen Arbeiten von dort aus oft viele Zehner von Kilometern in der Tiefe vorbewegen und dabei durch Tiefbohrungen vorbereitet wurden, welche die Geologen ansetzten und interpretierten. Aber es gibt auch einige

Steinkohlenfelder, die vollständig von jüngeren Schichten bedeckt sind und die nur auf Grund von Bohrungen gefunden wurden, wo man in der Tiefe die Kohlenformation vermutete. So wurde um die Jahrhundertwende das Kohlenbecken der Campine in Belgien entdeckt, das dann später durch Schächte erschlossen wurde, oder auch das Kohlengebiet des Peelhorstes in Holland, das bisher nur durch Bohrungen bekannt ist. Auf Grund von glazialverschleppten Kohlenblöcken im eiszeitlichen Moränenschutt wurden die völlig überdeckten Braunkohlenflöze des Salzach-Reviers in Österreich gefunden, das sich in wenigen Nachkriegsjahren zu einer Jahresförderung von 600 000 Tonnen entwickelt hat.

Diese Art der Aufsuchung von unsichtbaren Kohlenlagern erfordert ein besonders tiefes Verständnis des geologischen Baues der betreffenden Gegend.

Für die Entdeckung kohlenführender Schichten an der Oberfläche haben bisweilen die Funde fossiler Pflanzen eine entscheidende Rolle gespielt. So wurde vor wenigen Jahren ein Steinkohlenrevier in Südwest-Algerien am Rande der Sahara entdeckt.

Die im Kapitel III besprochenen Ablagerungsbedingungen der Kohlenlager geben uns einen grundsätzlichen Hinweis, in welchen Gesteinsschichten Kohle zu suchen und in welchen sie nicht zu suchen ist. Demnach sind höffig solche Schichten, die auf dem Festland gebildet sind, Anzeichen von feuchtem Klima aufweisen, Ablagerungen von Seen und Flüssen enthalten und womöglich Reste von Landpflanzen führen. Es sind das grau oder weiß gefärbte Sandsteine und Tone mit Landfossilien und Süßwasserfossilien (Säugetier- und Reptilknochen, Insekten, Landpflanzen, Süßwassermuscheln, Süßwasserschnecken), dazwischen vielleicht Konglomerate, die sich als ehemalige Flußschotter zu erkennen geben; Schichtbänke mit Fossilien, deren Lebensweise an Meerwasser oder Brackwasser gebunden ist, können, wie wir bei den paralischen Kohlenrevieren (S. 33) gesehen haben, vereinzelt zwischengelagert sein, dürfen aber nicht überwiegen. Kohlenlager finden sich natürlich nicht in rein marinen Gesteinsserien. Ebensowenig sind sie in ehemaligen Wüstenablagerungen zu finden, welche durch rote Sandsteine, Reste von Salzkrusten und ähnliche Merkmale gekennzeichnet sind.

Die Ausbisse der Flöze selbst sind wegen der Verwitterung der Kohle oft unscheinbar und können leicht übersehen werden. Aus demselben Grund ist ihre Dicke und Qualität im Ausbiß geringer. Aber nach einer Aufgrabung von wenigen Metern trifft man zumeist das Flöz in seiner ursprünglichen Ausbildung.

Wenn ein schräg gelagertes Flöz nur in der Nähe seines Ausstriches an der Erdoberfläche durch Schürfstollen bekannt ist, wird oft die Vermutung ausgesprochen, daß es in der Tiefe, besonders im Innern eines Beckens dicker sein werde. Diese Hoffnung wird besonders gerne dann als sichere Voraussage geäußert, wenn der Besitzer eines Schürfgebietes das ganze Areal zu günstigen Bedingungen verkaufen will. Diese Hoffnung kann zutreffen, aber auch nicht. Wir haben gesehen, daß die Mächtigkeit eines Flözes von der Geschwindigkeit des Sinkens des Bodens abhängt. Bisweilen ist tatsächlich diese Senkung am ursprünglichen Beckenrande gering gewesen, so daß die Pflanzensubstanz nicht vollständig erhalten blieb, während im Beckeninnern sich ein mächtiges Torflager entwickeln konnte. Es kann aber ebenso gut sein, daß die Senkung beckeneinwärts so stark war, daß das Pflanzenwachstum nicht nachkam und sich der offene Wasserspiegel eines Sees ausbildete, in welchem dann nur Schlamm abgelagert wurde. Dann schieben sich immer zahlreichere und dickere Tonmittel zwischen die Kohle und schließlich vertaubt das Flöz gegen das Beckeninnere. Für solche Voraussagen muß also die Dicke der Flöze und die Änderung der Ausbildung des Nebengesteins sorgfältig untersucht werden.

Es gibt Kohlenflöze, die in einer Schichtserie gleichmäßig eingelagert sind und sich über sehr weite Gebiete erstrecken. Das sind z. B. die Flöze des Ruhrgebietes. Das Flöz Katharina ist nicht nur im Ruhrgebiet bekannt, sondern auch weiter im östlichen Westfalen, aber auch am Niederrhein und in Belgien. Das Herrinflöz in Illinois bedeckt eine Fläche von 20000 km², das ist soviel wie ein Viertel von Österreich. Andere Flöze treten nur in Wannen eines Untergrundreliefs auf, dem sie unmittelbar aufgelagert sind. Das sind die sog. *Grund*flöze. Rücken und Schwellen des Untergrundes trennen die einzelnen kohlenführenden Hohlformen, aber die darüberliegenden Schichten derselben flözführenden Schichtserie verhüllen diese Ungleichmäßigkeiten (Abb. 51 u. 52).

Die Braunkohlenflöze der Steiermark und von Karlsbad in Böhmen
sind Beispiele dafür. Solche Flöze sind viel schwerer zu finden, weil
die Bohrungen in dem Hoffnungsgebiet leicht in die kohlenleeren
Aufragungen des Untergrundes geraten können.

Man hat in solchen Fällen, zum Teil mit Erfolg, die angewandte
Geophysik zu Hilfe geholt. Wenn die verborgenen Rücken des
Untergrundes aus kristallinen Gesteinen mit einem gewissen Magne-
titgehalt bestehen, dann können durch empfindliche Instrumente, die
sog. *Magnetwaagen*, die Bereiche stärkerer magnetischer Intensität
und damit eben jene höher ragenden Rücken erkannt werden. Auch
zeichnet sich in solchen Gebieten der Untergrund durch eine größere Fortpflanzungsgeschwindigkeit für Erdbebenwellen aus, verglichen mit denen in überlagernden Schichten.

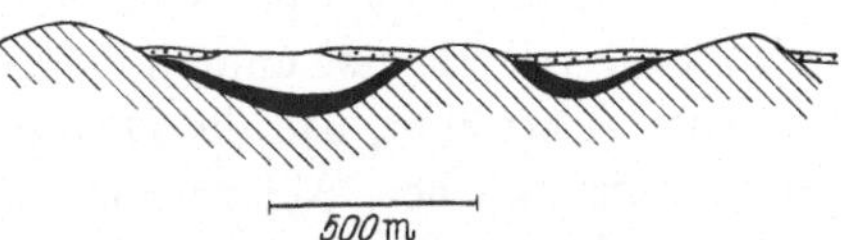

Abb. 51. Grundflöze im Köflacher Revier (nach W. PETRASCHECK)

Abb. 52. Unregelmäßiges Auftreten eines Grundflözes bei Karlsbad (nach W. PETRASCHECK)

Durch künstliche Erschütterungen in Form von Sprengungen
werden solche Wellen erzeugt und wird ihre Fortpflanzung und
Reflexion an zahlreichen Punkten des Untersuchungsgebietes gemessen. Aus den so gewonnenen Ergebnissen kann die Gestaltung
des tieferen Untergrundes erschlossen werden. Das ist die *seismi-
sche Methode*. Sie wurde nach dem Kriege in der Weststeiermark
angewendet und die nachfolgenden Bohrungen haben die so vor-
ausgesagten Vertiefungen des Untergrundes voll bestätigt. Aber

die Vertiefungen waren flözleer. Das war eine bedauerliche Tatsache, welche nicht vorausgesagt werden konnte. Denn es gibt noch kein Mittel, die Kohle als solche durch geophysikalische Methoden zu finden.

Eine andere geophysikalische Methode ist die *Messung* der *Schwerkraft* mit äußerst empfindlichen Gravimetern. Wir haben auf Seite 71 erwähnt, daß die Dichte der Gesteine mit der Tiefe ihrer ursprünglichen Ablagerung zunimmt. Wenn also durch spätere Faltungen irgendwo tiefere Gesteinsschichten gehoben

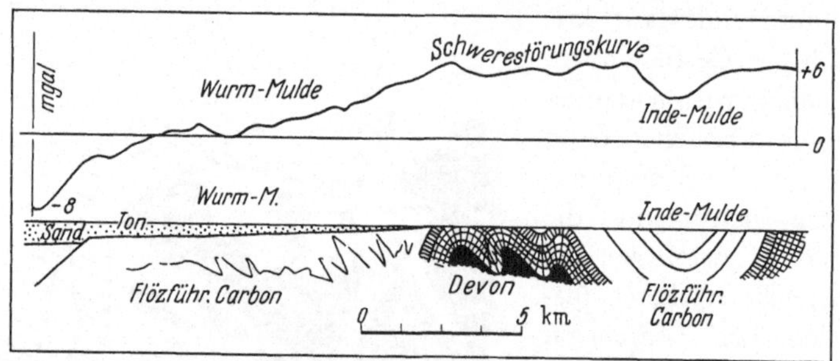

Abb. 53. Abnahme der Schwere über flözführenden Mulden im Aachener Revier (nach L. MINTROP)

und in die Nähe der Erdoberfläche gebracht werden, so ist über diesen Stellen die Massenanziehung etwas größer als dort, wo spezifisch leichtere Gesteine liegen. So hat man im Aachener Revier die Einmuldungen der höheren, also spezifisch leichteren Schichten der Steinkohlenformation von den Aufsattelungen der tieferen, spezifisch schwereren Schichten der devonischen Unterlagerung gravimetrisch unterscheiden können (Abb. 53). Ähnliches konnte an den oberbayerischen Pechkohlenmulden festgestellt werden. Aber auch das ist eine indirekte Methode, die nur die kohlenhöffigen Schichten, aber nicht die Kohle selbst erkennt.

Zur Erfassung der Kohle in der Tiefe bedarf es der Bohrungen. Geologie und Geophysik können nur dazu beitragen, die aussichtsreichsten Stellen für die Bohrungen anzugeben, und deren Zahl im Hinblick auf die sehr hohen Tiefbohrkosten möglichst reduzieren.

Die Auswertung von Tiefbohrungen

Jeder Meter einer Tiefbohrung kostet 200—300 DM! So sind also für eine Kohlentiefbohrung einige Zehntausend bis über Hunderttausend Mark auszugeben. Es ist daher selbstverständlich, daß man aus einer solchen Bohrung, die ja eben zum Zwecke der Untersuchung der Schichten in der Tiefe durchgeführt wird, so viel Erkenntnisse wie möglich herausholen soll. Gegen diesen Grundsatz wird oft gesündigt; der Bohrunternehmer wird bezahlt für die abgebohrten Meter und nicht für die Ergebnisse. Der Auftraggeber interessiert sich oft nur dafür, ob Kohle gefunden wird oder nicht und es ist ihm gleichgültig, wie die kohlenleeren Schichten beschaffen waren und er verwendet kein Geld, sie genau untersuchen zu lassen. Dann aber mag nach Jahren ein verständigerer Interessent oder er selbst kommen, um aus jener Bohrung Rückschlüsse auf ein inzwischen gefundenes benachbartes Kohlenlager ziehen zu wollen. Aber es ist zu spät, die durchbohrte Schichtfolge war unfachmännisch verzeichnet worden, die Proben sind weggeworfen und das teuere Loch war umsonst gebohrt worden.

Die besten Bohrproben sind die sog. *Bohrkerne;* das sind zylindrische Gesteinsstücke, die beim drehenden Bohren aus dem Schichtverband herausgeschnitten werden. Da die Kerne immer wieder aus der Tiefe herausgezogen werden müssen und mit ihnen natürlich das viele hundert Meter lange, zusammengeschraubte Gestänge, an welchem der das Gestein zerschneidende Meißel und das Kernrohr hängt, so ist die Kerngewinnung eine langwierige und damit teuere Methode. Trotzdem ist für die Untersuchung unbekannter Schichtfolgen bei den ersten Bohrungen häufiges Kernziehen notwendig. An den Bohrkernen kann man die Gesteinsbeschaffenheit genau studieren, in ihnen kann man auch etwas größere Pflanzen- und Tierreste, welche die Altersbestimmung der Schichten erlauben — sog. Leitfossilien — finden und kann man die Neigung der Schichten, erkennbar an dem Winkel zwischen der Kernbegrenzung und den Schichtfugen, bestimmen. Mürbe Gesteine — und dazu gehören sehr oft die Kohlen — liefern aber vielfach keine festen Kerne. Es bleibt zerdrücktes Material im Bohrloch. Man spricht dann von Kernverlust.

Wenn keine Kerne gezogen werden, wird das vom Meißel zerriebene Gestein durch die in das Bohrloch geleitete Wasserspülung laufend herausgeschwemmt. Auch diese *Spülproben* müssen sorgfältig untersucht werden. Die Kohle gibt eine schwarz gefärbte Spülung in der kleine Kohlebröckchen schwimmen. Alle Bohrproben werden in Kisten aufbewahrt, die nach Fächern unterteilt sind, an welchen die Tiefenmeter notiert sind.

Wenn nun die Bohrproben zeigen, daß man ein Kohlenflöz erreicht hat, so müssen besondere Maßnahmen ergriffen werden, denn es ist notwendig, die Dicke des Flözes genau festzustellen; der Kernverlust könnte leicht eine zu geringe Mächtigkeit vortäuschen. Auch könnte Kohle von einem darüberliegenden Flöz, das schon durchbohrt ist, nachgebrochen sein und nun neuerdings mit der Spülung zum Vorschein kommen. Ja es ist sogar vorgekommen, daß Schwindler, welche ihr Untersuchungsfeld verkaufen wollten, Kohle ins Bohrloch hineingeworfen haben.

Diese Fehlerquellen schließt man dadurch aus, daß man die Geschwindigkeit des Bohrens, den sog. Bohrfortschritt, mißt. Kohle ist meist weicher als das Nebengestein, also schneller zu durchbohren. Es muß also dann genau registriert werden, wieviele Minuten gebraucht wurden, um jeweils 10 cm tiefer zu bohren. Bei Steinkohle ist das nur ein Drittel bis ein Viertel der Zeit, die für das Nebengestein benötigt wird. So merkt man, wie lange der Meißel tatsächlich in der Kohle arbeitet.

Die gewonnenen Kohlenproben werden alsbald analysiert, ihre flüchtigen Bestandteile, ihr Wasser- und Aschegehalt und ihr Heizwert bestimmt. Im Bedarfsfall werden auch Kohlenproben an mikropaläontologische Untersuchungsstellen gesandt, wo bei Steinkohlen die Sporen, bei Braunkohlen die Pollen zur genauen Flözidentifizierung bestimmt werden (siehe den nächsten Abschnitt).

In neuester Zeit hat sich auch beim Kohlenbohren zunehmend die elektrische Bohrlochuntersuchung eingeführt, die beim Erdölbohren schon lange ein unentbehrliches Hilfsmittel ist. Dieses vom französischen Geophysiker SCHLUMBERGER erfundene Verfahren beruht darauf, daß mittels einer in das Bohrloch eingelassenen Apparatur der elektrische Widerstand und die Porendurchlässigkeit der an der Bohrlochwand anstehenden Schichten gemessen wird. Trockene Quarzsandsteine haben z. B. einen großen

Widerstand und eine große Porendurchlässigkeit; feuchte Tonschiefer einen kleinen Widerstand und eine kleine Porendurchlässigkeit. Bei Kohlen ist die Porendurchlässigkeit infolge der Zerklüftung groß, aber der elektrische Widerstand ist je nach dem Reifegrad verschieden; er ist gering bei feuchten Weichbraunkohlen, höher als der des Nebengesteins bei Glanzbraunkohlen,

Flammkohlen und Gaskohlen, nimmt aber dann wieder ab in Richtung auf Anthrazit, welcher sich ja in seiner Feinstruktur bereits dem guten elektrischen Leiter Graphit angleicht. Man muß also vorher wissen, mit welcher Art Kohlen man es etwa zu tun haben wird. Die Widerstandskurve und die Porositätskurve werden graphisch aufgetragen und mit dem aus den Proben gewonnenen Bohrprofil verglichen. (Abb. 54). Dadurch, daß man mit diesem Apparat die Wand des noch nicht durch Rohre gegen außen abgedichteten Bohrloches abtastet, bestimmt man die

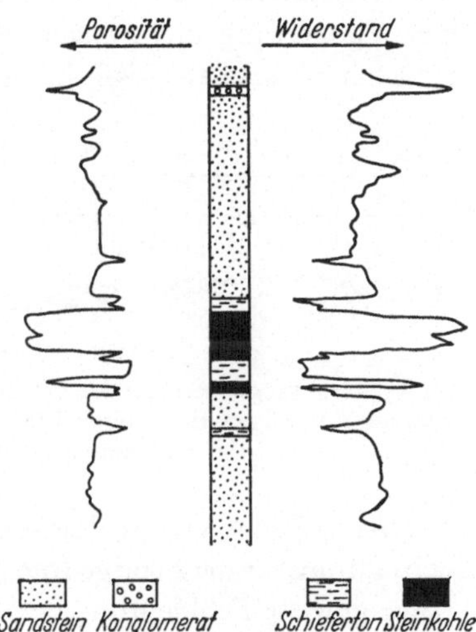

Abb. 54. Ausschnitt aus einem elektrischen Bohrprofil im oberschlesischen Steinkohlenrevier. Links die Porositätskurve, rechts die Widerstandskurve (nach TEICHMÜLLER und WEBER)

richtige Dicke der verschiedenartigen Gesteinsschichten, insbesondere bei Kernverlust. Man hat auch übersehene, aus den Spülproben unbemerkt gebliebene Kohlenflöze bei der elektrischen Bohrlochkontrolle erkannt.

Die genaue Feststellung der gesamten Gesteinsschichten ist für die Konstruktion richtiger Querschnitte durch das Untersuchungsgebiet unentbehrlich. Eine Ebene ist in ihrer Lage bekanntlich durch 3 Punkte bestimmt. Wenn eine charakteristische Schicht — es muß nicht das Flöz selbst sein — durch 3 Bohrungen angetroffen ist, so ist sie damit bei ebenflächiger Lagerung festgelegt. Es kann aber infolge verschiedenartiger Störungen unangenehme

Überraschungen geben. Abb. 55 zeigt 3 mögliche Fälle, wie zwischen zwei Bohrungen, die ein Flöz in derselben Tiefe angetroffen haben, eine dritte Bohrung das Flöz nicht trifft. Die Skizze 55 a veranschaulicht den Fall eines Grundflözes, das nur in Wannen abgelagert ist, wobei die Mittelbohrung auf einen tauben Rücken gestoßen ist. Die Skizze 55 b zeigt das Fehlen des Flözes infolge einer Auswaschung. In 55 c hat die Mittelbohrung das Flöz wegen einer Verwerfung nicht angetroffen; das drückt sich im Bohrprofil schon darin aus, daß die oberen Schichten in tieferer Lage

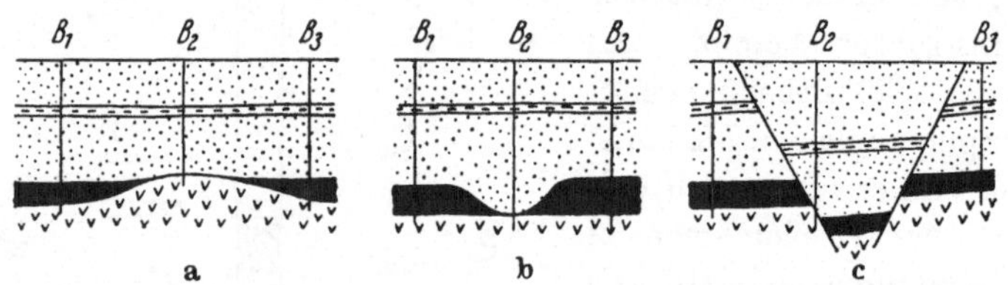

Abb. 55. Drei mögliche Fälle des Fehlens eines Flözes in einer Bohrung, die zwischen 2 fündigen Bohrungen liegt: a) Rücken im Grundflöz, b) Auswaschung, c) Verwerfung

erscheinen. Es ist viel geologisches Verständnis und sorgfältige Beobachtung für die richtige Interpretation von Bohrungen nötig.

Eine gewisse Fehldeutung der Lagerungsverhältnisse kann dadurch zustande kommen, daß die Bohrlöcher oft ungewollt von der beabsichtigten Vertikalrichtung abweichen. Dadurch gibt der Schnittwinkel der Schichtflächen mit der Längsschichtung der Bohrkerne nicht die wahre Neigung der Schichten an und die geologischen Konstruktionen werden verzerrt. Es gibt eigene Instrumente, um die Bohrlochabweichung zu messen.

Bisweilen ist es zweckmäßig, die Temperatur im Bohrloch zu messen. In einer tiefen Bohrung im Münsterland wurden bei 1000 m 50°C festgestellt. Mit größerer Tiefe werden die Temperaturen höher, aber nicht in gleicher Weise in allen Gebieten. Das ist wichtig für die Beurteilung der Frage, bis zu welcher Tiefe der Bergbau später tatsächlich gehen kann.

Die Gleichsetzung von Flözen

Wenn man in einem Kohlenrevier durch einen Untersuchungs-
stollen oder durch eine Tiefbohrung ein Flöz angetroffen hat, so
will man schon vom praktischen Standpunkt wissen, welcher
Platz ihm in der flözführenden Schichtfolge zukommt, also ob
und wieviele andere Flöze etwa noch darunter oder darüber zu
erwarten sind. Man muß also das neu aufgefundene Flöz oder die
neu aufgefundenen Flöze mit einer schon bekannten Flözfolge
vergleichen („parallelisieren") und bestimmen („identifizieren")

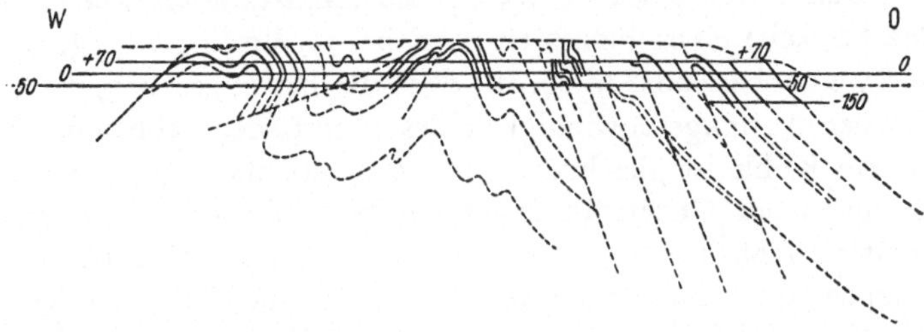

Abb. 56. Die stark gestörten Flöze der Gleiwitzer Gruben nach O. Niemczyk

Das ist oft recht schwierig, besonders wenn viele Flöze in der betreffenden Schichtfolge vorkommen und wenn diese dazu noch
gefaltet, durch Verwerfungen getrennt oder übereinandergescho-
ben sind, so daß keine normale Reihenfolge mehr vorliegt. Und
das ist in den großen Steinkohlenrevieren Europas fast durch-
wegs der Fall.

Ein Beispiel für die praktische Bedeutung dieser Flözidentifizierung ist das westliche Oberschlesien. In dem mehrere Kilometer langen Stollen der Gleiwitzer Grube waren rund 60 Flöze
durchfahren worden. O. Niemczyk hat durch eine sorgfältige
Untersuchung gezeigt, daß es sich in Wirklichkeit nur um wenige
Flöze handelt, die infolge von Faltung und Verwerfungen immer
wieder angetroffen wurden (Abb. 56). Oder im östlichen Ruhrgebiet waren bisher die dort angetroffenen Flöze der Fettkohlenschichten in der an sich bekannten Schichtfolge zu tief eingestuft
worden, bis man bemerkte, daß sie etwas höheren Flözen entsprechen und daher manche besonders wertvolle Flöze noch darunter
zu erwarten sind.

Anfänglich pflegt man in einem Bergwerk („Grubenfeld") den Flözen irgendwelche Namen zu geben — nach dem Aussehen (z. B. „Dicke Bank") oder weiblichen Personen, die den jeweiligen Bergdirektoren besonders nahe stehen („Catharina", „Mathilde" usw.). Später vergleicht man die Flöze von Grube zu Grube und schafft für die Revierkarten einheitliche Bezeichnungen, wie es z. B. für das Aachener Revier unter der maßgeblichen Mitwirkung von C. Hahne oder für das Ruhrrevier unter der Mitwirkung zahlreicher Geologen und Markscheider wie P. Kukuk, Oberste-Brink u. a. gelungen ist.

Wie ist nun ein solcher Flözvergleich durchzuführen? Die Dicke (Mächtigkeit) eines Flözes ist auch bei regelmäßiger Lagerung kein weit anhaltendes Merkmal; denn wir haben gesehen, daß sie von der Absinkgeschwindigkeit des Moorbodens abhängt. Die Art der Kohle ist gleichfalls nicht sehr verläßlich. Oft gibt hier allerdings der Gehalt an flüchtigen Bestandteilen schon einen gewissen Anhalt, ob man es mit tieferen oder höheren Flözgruppen zu tun hat, da ja dieser Gehalt nach der Hiltschen Regel (S. 58) mit der Tiefe abnimmt. Wir haben aber auch die zahlreichen anderen Faktoren besprochen, welche neben der Tiefenlage den Inkohlungsgrad beeinflussen. Auch die kohlenpetrographische Zusammensetzung, das heißt das Mengenverhältnis von Vitrit, Durit und Fusit ist nur in Ausnahmefällen auf weitere Entfernung konstant und zum Flözvergleich geeignet. Eine solche Gleichsetzung ist in überzeugender Weise dem canadischen Geologen P. A. Hacquebard in Nova Scotia gelungen, der die Identität eines Flözes mit einem Teil eines anderen, 3 km davon entfernten kohlenpetrographisch bestätigen konnte (Abb. 57). Kännelkohlen, welche ja extrem claritische Flöze sind, halten erfahrungsgemäß am weitesten an, z. B. im Revier von Neurode in Niederschlesien.

Die verläßlichste Grundlage für Flözgleichstellungen sind, wie überall bei Schichtvergleichen, die *Leitfossilien*, also bestimmte Reste von Tieren und Pflanzen, die eine erdgeschichtlich kurze Lebensdauer und zugleich eine weltweite Verbreitung hatten und die überall auf der Erde in derselben Reihenfolge übereinander erscheinen. Allerdings sind sie nicht so sehr für einzelne Flöze, als für Flözgruppen bezeichnend. Wenn wir das Farnblatt *Lonch-*

opteris rugosa finden, dann sind wir in der Nähe des Flözes Catharina im Ruhrgebiet; finden wir aber einen Abdruck des Farnes *Neuropteris scheuchzeri*, dann haben wir höhere Flöze, solche

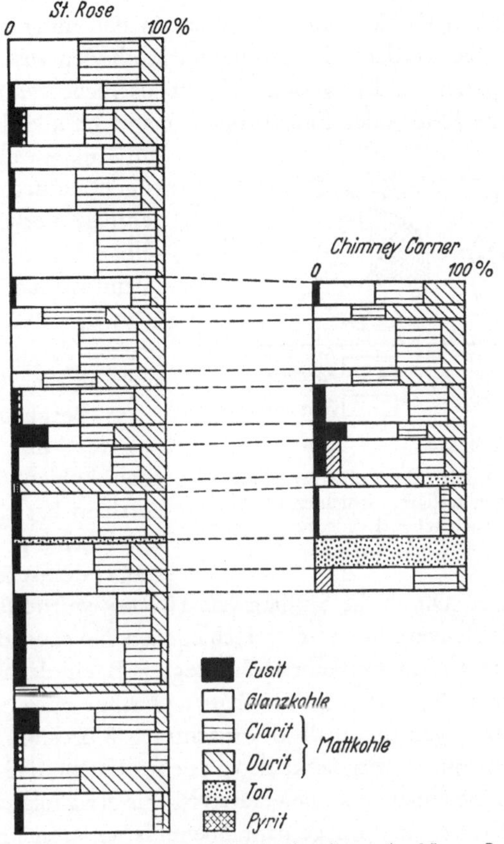

Abb. 57. Kohlenpetrographische Flözgleichstellung in Nova Scotia (nach P. Hacquebard)

aus den Flammkohlenschichten vor uns. Dieselbe Aufeinanderfolge besteht im niederschlesisch-böhmischen Becken. Aber *Neuropteris scheuchzeri* kommt auch im Kohlenbecken von Zonguldak an der türkischen Schwarzmeerküste vor und beweist damit die Altersgleichheit der höheren Flöze der dortigen Carbonschichten mit jenen der Ruhr und Böhmens.

Die kennzeichnenden Pflanzenreste finden sich nicht in der Kohle selbst, sondern gewöhnlich in den begleitenden Tonschiefern. In neuerer Zeit hat man aber auch aus der Kohle altersbestimmende Fossilien herauszuholen gewußt: es sind die Sporen in den älteren Kohlen und die Pollen in den jüngeren Kohlen (Abb. 12). Sie werden mit besonderen Methoden aus der Kohle herauspräpariert und erweisen sich oft als recht kennzeichnend für einzelne Flöze oder Flözgruppen, bisweilen allerdings nicht durch die einzelnen Arten, sondern durch das prozentuale Verhältnis derselben. Diese pflanzlichen Kleinfossilien haben den Vorteil, daß auch Bohrproben daraufhin untersucht werden können.

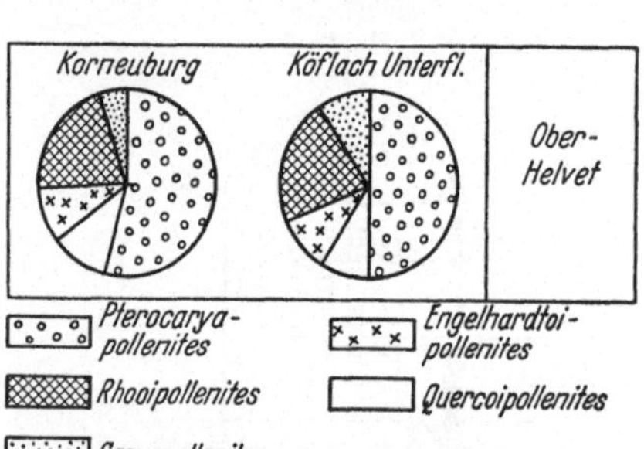

Abb. 58. Vergleich der Pollenverteilung in gleichalterigen tertiären Schichten bei Wien und im weststeirischen Kohlenrevier (nach W. Klaus)

Im Bergbau auf das 30—100 m mächtige Braunkohlenflöz am Niederrhein hat die Pollenuntersuchung eine betriebspraktische Bedeutung erlangt. Durch die Studien von U. Rein wurde festgestellt, daß die Pollenverteilung in verschiedenen Niveaus des Flözes verschieden ist; in mittlerer Höhe liegt z. B. ein deutliches Maximum einer Pollenart, die *Sciadopytis* genannt wird. Nun sind die Verwerfungen innerhalb des mächtigen Flözes als solche oft nicht zu erkennen; man merkt also manchmal nicht, daß man beim Abbau in eine andere Scholle geraten ist, die etwa relativ gehoben ist, so daß die Flözunterlage dann ebenfalls schon in einem höheren Niveau liegt. Das ist natürlich für die technische Abbauplanung belangvoll. Die Pollenanalyse zeigt nun jederzeit, in welchem Horizont innerhalb der Kohle man sich befindet. Die gleichartige Verteilung der Pollenarten in zwei entfernt liegenden jungtertiären Gebieten Österreichs zeigt Abb. 58.

Sporenanalyse und Pollenanalyse sind zu Spezialwissenschaften geworden; die großen Kohlenbergbauunternehmungen halten sich eigene Untersuchungslaboratorien. Ebenfalls ist die Bestimmung der größeren Pflanzenreste immer mehr den spezialisierten Paläobotanikern vorbehalten. Weltruf hat auf diesem Gebiet der Holländer W. J. Jongmans und der kürzlich verstorbene Deutsche W. Gothan.

Nicht überall sind allerdings charakteristische Leitfossilien vorhanden oder reichen diese für eine Gleichsetzung von Flöz zu Flöz aus. Dann muß man ganze Abschnitte einer Schichtfolge zweier verschiedener Orte zu parallelisieren versuchen. Die Zahl der Flöze ist nicht immer verläßlich, denn Flöze können vertauben („auskeilen") oder sich aufspalten. Aber es gibt gewisse Gesteinsschichten, die weit durchhalten. Man nennt sie *Leitschichten*. Das sind vor allem marine Zwischenlagen, weil Meeresüberflutungen der Küstensümpfe weiträumige Vorgänge waren. Auf Grund solcher mariner Horizonte ist z. B. die vorhin erwähnte Entzifferung der Verhältnisse in der Gleiwitzer Grube und der Vergleich dieser Schichten mit jenen von Mährisch-Ostrau gelungen (Abb. 59). Auch vulkanische Tuffe sind beständige Schichten, da der Aschenregen jeweils gleichzeitig ein großes Areal betroffen hat. Diese Tuffe sind nicht immer leicht als solche erkennbar, da sie zu tonigen Gesteinen verwittern. Erst eine mikroskopische Untersuchung beweist ihre Entstehung. Dazu gehören die Tonsteine in Oberschlesien oder manche quellbare und darum technisch wertvolle Tone (Bentonite) in steirischen Braunkohlenflözen. Wilhelm Petrascheck hat verschiedene solcher Fälle bekannt gemacht.

Wenig verläßlich sind Bänke von Süßwassermuscheln, weil sich offene Tümpel hier und dort in den Kohlensümpfen fanden, oder Sandsteinschichten, die von örtlichen Flüssen eingeschwemmt wurden.

Die Feststellung der Kohlenreserven

Wenn die Verbreitung und die Zahl der Flöze in einem Gebiet festgestellt ist, geht man an die Berechnung der abbauwürdigen Kohlenmenge. Denn darauf begründet sich die Investition von technischen und finanziellen Mitteln und die Lebensdauer eines Bergbaues. Die Reserveschätzung ist eine sehr verantwortungsvolle Aufgabe.

Vorerst ist zu entscheiden, wann ein Flöz abbauwürdig ist. Das hängt nicht immer nur von den natürlichen Gegebenheiten ab,

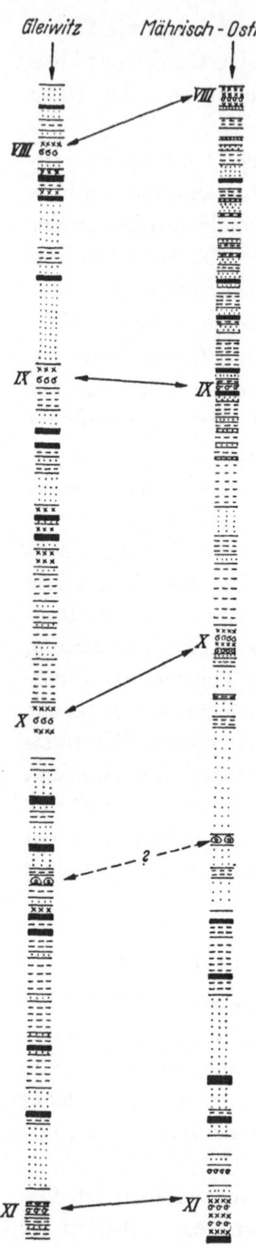

sondern auch vom wirtschaftlichen Bedarf des Landes, von der Verkehrslage, der Besiedlung u. a. m. Daher sind die nachfolgenden Zahlen relativ und Schwankungen unterworfen.

Minderwertige Weichbraunkohlenflöze müssen mindestens 2 m dick sein, um abbauwürdig zu sein, Glanzbraunkohlenflöze 0,6 m, Steinkohlen 0,5—1 m, wobei man bei hochwertigen Kokskohlen auch darunter geht. Es spielt auch eine Rolle, ob das Nebengestein standfest ist oder nicht.

Bezüglich der Tiefe des Abbaus rechnet man in Europa bis 1200 m, in den Vereinigten Staaten praktisch oft nur bis 300 m.

Wenn man hier die Grenzwerte festgelegt hat, dann ist bei ebener Lagerung die Berechnung einfach. Die durch Bohrungen oder Bergbau bekannte Fläche der Verbreitung des Flözes wird mit seiner durchschnittlichen Mächtigkeit multipliziert und dieses so erhaltene Volumen in Kubikmetern wird gleich der Tonnenzahl gesetzt, indem man ein spezifisches Gewicht 1 der Kohle zugrunde legt. In Wirklichkeit ist das spezifische Gewicht höher, aber diese Berechnungsart gibt schon eine Sicherheit für Abbauverluste. Die Abbauverluste können aber größer sein und betragen in USA 50%! Eine solche Verschwendung können wir uns in Europa

Abb. 59. Vergleich der Flözfolge in der Gleiwitzer Grube und in Mährisch-Ostrau (nach O. NIEMCZYK)

nicht leisten und daher sind die technischen Methoden des amerikanischen Kohlenbergbaues, die auf Schnelligkeit abgestellt sind, für uns nicht anwendbar. Sie sind auch vom weltwirtschaftlichen Standpunkt keineswegs begrüßenswert, denn schließlich wächst der kostbare Rohstoff Kohle nicht nach wie das Holz.

Wenn die Flöze nicht eben, sondern geneigt oder gefaltet sind, so glättet man sie rechnerisch oder konstruktiv auf eine Ebene aus. Wenn sie ungleichmäßig dick sind, so zeichnet man gemäß den Bohrergebnissen Kurven gleicher Mächtigkeit (Abb. 60) und bestimmt die Flächen der einzelnen Streifen, um sie mit den zugehörigen Mächtigkeiten zu multiplizieren.

Entscheidend ist aber die Frage, welche Entfernung man zwischen den einzelnen Aufschlußpunkten (Bohrpunkten) annimmt, um die dazwischenliegende Fläche

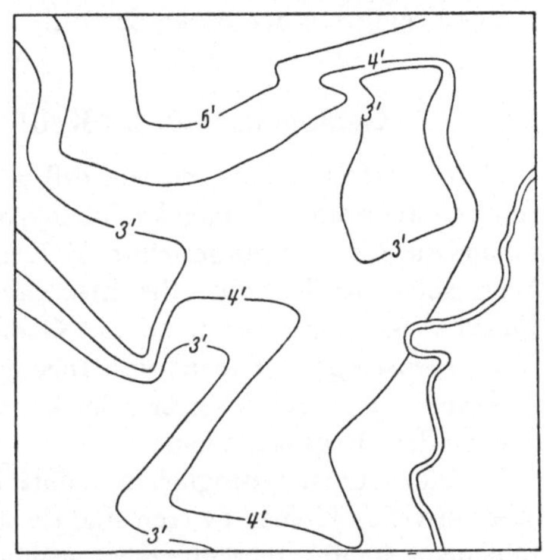

Abb. 60. Karte der Kurven gleicher Flözdicke im Flöz 5, White County, Illinois (Geol. Survey of Illinois)

als sicher oder als wahrscheinlich kohleführend angeben zu können. Das hängt von den geologischen Verhältnissen ab. Bei einer als ungestört bekannten Lagerung eines eingelagerten Flözes können die Punkte maximal 2 km voneinander entfernt sein. Wenn es sich aber um ein Grundflöz handelt (S. 78), dann können taube Rücken dazwischenliegen und die Aufschlußpunkte müssen dichter gesetzt werden. Dasselbe gilt dann, wenn Flözauswaschungen bekannt sind oder vermutet werden können, was bei überlagernden grobsandigen oder konglomeratischen Schichten stets im Bereich der Möglichkeit liegt. Es gibt schließlich Flöze, die so sehr durch gebirgsbildende Vorgänge verdrückt sind, daß sie aus an- und abschwellenden Linsen

und Anschoppungen bestehen, zwischen denen ganz unregel-
mäßig völlig unbauwürdige Streifen liegen (Abb. 43). Dann kann
man keine durchschnittliche Mächtigkeit angeben und man muß
die Erfahrung von Stollenaufschlüssen abwarten, um zu sagen,
wieviel Prozent der Flözfläche abbauwürdig sind, bzw. wieviel
Tonnen Kohle von einer im Bergbau aufgeschlossenen Flözfläche
gewonnen werden konnten; diese Zahl überträgt man auf die nur
durch Einzelaufschlüsse bekannte Umgebung. Das ist bei manchen
Steinkohlenflözen der Alpen der Fall.

Geologenarbeit im Kohlenbergwerk

Man könnte vielleicht meinen, daß des Geologen Aufgabe er-
füllt sei, wenn ein Kohlenfeld gefunden, die Bohrungen ausgewer-
tet und die Reserven festgestellt sind. Dem ist nicht so. Gewiß hat
beim Abbau der Techniker die entscheidende Last zu tragen, aber
immer wieder kann hier und da der Geologe beratend eingreifen.
Das gegenseitige Verstehen von Ingenieuren und Geologen zu
fördern, ist eine der Aufgaben des Unterrichts an Universitäten
und an den Bergakademien.

Die Flöze sind ursprünglich horizontal übereinander abgelagert.
Aber in vielen Kohlenrevieren sind sie später durch die gebirgsbildenden Kräfte schräggestellt, gefaltet, ja sogar überkippt
worden, so daß die ursprünglich tieferen über den höheren liegen.
Wenn in einem Stollen ein schrägliegendes Flöz angetroffen wird,
können wir also nicht immer wissen, ob eine solche Überkippung
vorliegt, ob also dahinter die höheren oder die tieferen Lagen
kommen werden. „Hinter der Hacke ist's duster" sagt ein alter
Bergmannsspruch. Da muß der Geologe Rat suchen, bevor wir
den Stollen weiter vortreiben. Manchmal helfen da die vorhin
besprochenen Merkmale der Flözidentifizierung, die es erlauben
zu sagen, in welchem Abschnitt einer bekannten Schichtfolge wir
uns befinden. Aber nicht immer sind Leitschichten oder Leitfossilien vorhanden. Da kann die Beachtung der Wurzelböden
nützen (S. 35). Diese lagen natürlich ursprünglich immer unter
den aus Sumpfwäldern hervorgegangenen Flözen. Wenn wir nun
aber einen Wurzelboden an der oberen Begrenzungsfläche eines
Flözes sehen, dann wissen wir sicher, daß es überkippt ist (Abb. 61).

Immer wieder trifft der Bergmann den Fall, daß sein Flöz plötzlich abgerissen ist. Es hört auf an einer Verwerfungskluft und dahinter kommt taubes Gestein. Nach welcher Seite ist es verschoben worden? Wo ist es zu suchen? Die Verschiebungsflächen sind oft spiegelglatt poliert und in ihnen liegen Rillen, welche anzeigen, ob die Gleitbewegung vertikal oder horizontal oder schräg war. Aber daraus ist noch nicht zu erkennen, nach welcher Seite die Verschiebung erfolgte. Da kann eine leichte Abbiegung der

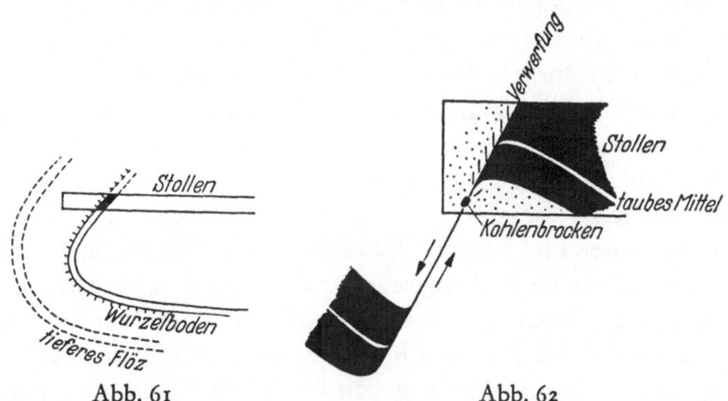

Abb. 61   Abb. 62

Abb. 61. Überkippung eines Flözes, an der Lage des Wurzelbodens erkennbar
Abb. 62. Merkmale der Verschiebung eines Flözes an einer Verwerfung

Schichten knapp vor der Verwerfung, eine sog. *Schleppung* den Hinweis geben (Abb. 62). Oder eingeklemmte Kohlenbrocken in der Verwerfungskluft zeigen an, nach welcher Seite die abgerissene Scholle bewegt wurde. Wie ein Detektiv muß der Geologe die Ereignisse aus ihren Spuren erschließen.

Durch den gebirgsbildenden Druck ist die früher besprochene Klüftung in der Kohle entstanden. Wenn die Klüfte (Schlechten) gegen den Abbauort zu geneigt sind, fällt die Kohle leichter herein. Es ist ferner technisch am zweckmäßigsten, wenn die Längserstreckung der Klüfte spitzwinklig zur Front des Abbaus liegt. Da nun die Flözklüftung innerhalb bestimmter Bereiche oft nach zwei Systemen angeordnet ist, wurden seit einigen Jahren im Ruhrgebiet von der geologischen Abteilung der Westfälischen Berggewerkschaftskasse statistische Messungen der Häufigkeit der Kluftrichtungen vorgenommen und deren Ergebnisse übersichtlich in sogenannte „Schlechtenkarten" eingetragen, aus denen der planende Bergingenieur rasch die günstigste Abbaurichtung entnehmen kann.

Eine der Erschwernisse und Gefahren des Kohlenbergbaues ist das *Gas in der Kohle*. In den meisten Fällen handelt es sich um das Methan oder Grubengas CH_4, welches mit Luft ein explosives Gemenge gibt, die sogenannten „schlagenden Wetter". Das Methan wird, wie wir schon auf Seite 55 gesehen haben, bei der Inkohlung entbunden. Es findet sich am meisten in den Gas- und Fettkohlen, aber auch manche reifere Braunkohlenflöze sind schlagwettergefährlich (Brüx in Nordböhmen, Fohnsdorf in Steiermark). Bei den anthrazitischen Kohlen nimmt die Methanentgasung wieder stark ab.

Das Gas ist überwiegend an die submikroskopisch feinen Poren der Kohle gebunden; ein gewisser Teil findet sich in den gröberen Poren und Klufthohlräumen und ein schon freigesetzter Teil schließlich im Nebengestein. Aus einer Tonne gasreicher Förderkohle können $3-30\,m^3$ Methan entbunden werden. Das Gas kann unmerklich aus der Kohle entweichen, es kann merkbar an Spalten ausblasen oder sogar in Form plötzlicher Ausbrüche aus dem Flöz hervorbrechen, wobei gewaltige Mengen von Kohlenstaub herausgeschleudert werden.

Die Kenntnis der Gasführung eines Grubenfeldes ist also von großer praktischer Wichtigkeit, da die Art und Geschwindigkeit des Abbaues und die Belüftung („Bewetterung") darnach einzurichten sind. Hiefür hat im Ruhrgebiet die Westfälische Berggewerkschaftskasse Grubenkarten gezeichnet, welche die verschieden starke Methanführung in verschiedenen Bereichen darstellt, und gewisse regelmäßige Beziehungen zu den tektonischen Lagerungsverhältnissen der Schichten erkennen lassen. *Danach ist die Gasführung beiderseits großer Verwerfungen meist verschieden; besonders gasreich sind jeweils die Schichtpakete, welche südlich der nordfallenden Aufschiebungsverwerfer liegen* (Abb. 63).

Einige Kohlenreviere haben Kohlensäuregas (CO_2). Dieses ist zwar nicht explosibel, aber gefährlich durch seine erstickende Wirkung und durch die ungeheure Ausbruchskraft, bei der bisweilen Hunderte von Tonnen Kohlenstaub herausgeworfen und in die Stollen geblasen werden. Im Revier von Neurode

(Niederschlesien) sind bei einem Großausbruch 150 Bergleute, bei einem weiteren während des Krieges 300 Bergleute ums Leben gekommen. Dieses Kohlensäuregas hat ursächlich nichts mit der Kohle zu tun, sondern es ist vulkanischen Ursprungs und kommt an tiefreichenden Spalten in die flözführenden Schichten hinein. In der Kohle wird es absorbiert. Je tiefer die Flöze liegen, umso stärker ist der Gasdruck. Der Abbau muß langsam und vorsichtig betrieben werden, damit die Kohle Zeit hat, allmählich zu

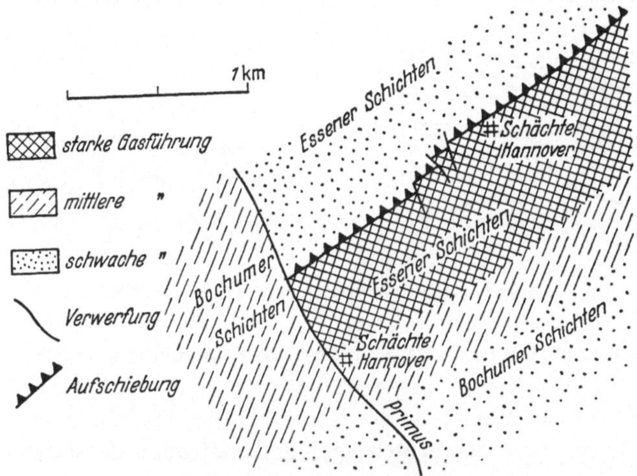

Abb. 63. Ausschnitt aus der Grubengaskarte der Westfälischen Berggewerkschaftskasse, Blatt Gelsenkirchen

entgasen. Für das Auftreten der Kohlensäure spielen die geologischen Verhältnisse der Gruben eine große Rolle: Verwerfungsspalten, poröse Sandsteine als Nebengesteine der Flöze und bisweilen zerrüttete Kohle leiten das Gas, Tonschiefer dichten es ab.

Neben dem Gas ist im Kohlenbergbau *das Wasser* zu bewältigen. Im Ruhrgebiet mußten z. B. im Jahre 1946 pro Tonne Förderkohle 3,8 Tonnen Wasser gehoben werden. Es wurden also in diesem Revier alljährlich mehrere Hundert Millionen Tonnen Wasser gepumpt. Das stellt große technische und wirtschaftliche Aufgaben.

Das Wasser kommt zumeist von oben aus den Deckschichten, vom Bergmann Deckgebirge genannt. Das flözführende Carbon

wird im Ruhrgebiet von einer wechselnden Folge wasserundurch-
lässiger und wasserdurchlässiger Schichten überlagert. In den
letzteren steht Kluftwasser oder Grundwasser. Wenn undurch-
lässige tonige Schichten die flözführende Serie abdichten, dann
ist es gut. Wo aber Verwerfungsspalten das Deckgebirge und die
Kohlenschichten durchschneiden, dort wird das Wasser hinunter-
geleitet (Abb. 64a). Der Geologe muß also diejenigen Verwerfungen feststellen, die auch das Deckgebirge durchgerissen haben.
Wenn keine abdichtende Zwischenauflage vorliegt, kann das

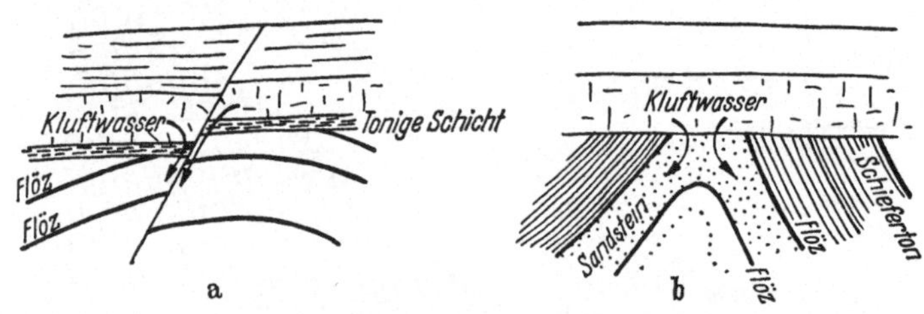

Abb. 64. Wasserzufluß aus den Deckschichten

Wasser auch an porösen Kohlensandsteinschichten in die Tiefe
sickern (Abb. 64b).

Im Ostrauer Revier ist die Oberfläche des flözführenden Carbons durch tiefe Schluchten und grabenförmige Einsenkungen
zerschnitten, die von jüngeren lockeren Ablagerungen mit Wasser-
führung ausgefüllt sind. Die Abbaue, die nahe unter der Oberfläche des Steinkohlengebirges umgehen, haben also damit zu
rechnen, daß sie plötzlich auf solche wasserführenden Talfüllungen
stoßen. Es mußte daher das Relief des Carbons vorher durch zahlreiche Bohrungen und auch durch geophysikalische Untersuchungen bestimmt werden.

In manchen Braunkohlenmulden können auch die Wasser-
einbrüche von unten kommen. Das ist besonders bei den durch
die Gletscher gestauchten Flözen Ostdeutschlands der Fall, die
von Sand unterlagert sind. Dann kann der Sand in den Mulden
Wasser enhalten, das unter artesischem Druck steht.

Normalerweise fließt das Wasser aus den Sanden und Schottern
heraus, wenn diese angeschnitten werden. Es gibt aber sehr fein-
körnige Sande, die mit dem Wasser mitgeschwemmt werden. Sie

füllen als breiige Masse die Stollen und sind durch kein Filter abzuhalten. Man nennt sie Schwimmsand. Wo sie abwandern, entstehen darüber Bodensenkungen. Auch beim Niederbringen von Schächten sind Schwimmsande äußerst unangenehm. Es muß also auch das Deckgebirge sehr sorgfältig untersucht und abgebohrt werden.

Im Ruhrgebiet haben P. KUKUK und später C. HAHNE eine vorbildliche Bergbaugeologie entwickelt, welche theoretische Überlegungen und praktische Folgerungen glücklich vereint.

Die technologische Verwertbarkeit der Kohlen

Für die Beurteilung der technischen Verwertbarkeit der verschiedenen Kohlenarten hat neben der chemischen Analyse auch die kohlenmikroskopische Untersuchung eine gewisse Bedeutung. Das ist die angewandte Kohlenpetrographie.

Die aus dem Bergwerk geförderte Kohle erfährt in den meisten Fällen eine *Größenklassierung* durch Siebe. Denn Kohlenstücke von jeweils gleicher Größenklasse sind naturgemäß rationeller im Heizbetrieb, da der Verbrennungsvorgang bei allen Stücken ungefähr gleich verläuft. Wenn aber die betreffende Kohlenart beim Sieben viel Feinkohle abwirft — etwa wegen einer tektonischen Zerreibung —, dann muß auf die Klassierung verzichtet werden oder es müssen besondere Verwertungsmöglichkeiten für die Feinkohle herangezogen werden.

Der unverbrennliche Ballast der Kohle sind Asche und Wasser. Die Asche — genau gesagt, die Beimengungen von taubem Gestein- und Mineral — wird entfernt bei der *Sortierung* in der Kohlenwäsche. Für diese Trennung wird der Unterschied der spezifischen Gewichte der Kohle (ca. 1,0) und der Begleitmineralien (ca. 2,5) ausgenützt, indem in einem irgendwie geleiteten strömenden Wasser die Kohleteile weiter weggespült werden als die schwereren Mineralteile. Als wertvoller Aschenbestandteil gilt nur der Schwefelkies, wenn er reichlich genug vorkommt, daß seine Abtrennung sich lohnt. Dabei kann die kohlenpetrographische Untersuchung zeigen, ob der Schwefelkies in trennbarer Weise als Kluftbelag und Knollen in der Kohle auftritt oder nur als Füllung der Holzzellen im Fusit, in welch letz-

terer Form er zu fein verteilt ist, um abgesondert werden zu
können.

Der beträchtliche Wassergehalt der Weichbraunkohlen (30 bis
60%) wird am zweckmäßigsten entfernt durch die *Brikettierung*,
weshalb die Brikettfabriken gleich neben den Kohlenbergwerken
stehen. Dadurch wird der Heizwert der Braunkokle auf das
Doppelte erhöht. Kohlenbriketts sind zusammengepreßtes Kohlenpulver. Die Pressung erfolgt bei hohem Druck und erhöhter
Temperatur. Das Wasser wird ausgetrieben und die Kohleteil-
chen werden dabei etwas erweicht und plastisch, so daß sie zu-
sammenkleben. Die Steinkohlenbrikettierung spielt vorwiegend
bei hohem Feinkohlenanteil eine Rolle, doch wird sie durch den
notwendigen Zusatz von Pech als Bindemittel verteuert, während
die Kolloide der unreifen Weichbraunkohlen auch ohne Pech-
zusatz zu festen Briketts verpreßt werden können. Die Apfel-
becksche Ringpresse erlaubt auch die bindemittellose Steinkohlen
brikettierung.

Bitumenreiche Kohlen, besonders Braunkohlen, werden zur
Gewinnung von Teer *verschwelt*. Der Schwelteer ist das wichtigste
Ausgangsprodukt für die chemische Industrie.

Die *Hydrierung* der Kohle dient zur Herstellung flüssiger Treib-
stoffe. Duritische Kohlen sind hiefür besser geeignet.

Die wichtigste Verwendung der Steinkohlen ist die *Verkokung*.
Der Bedarf an Hüttenkoks steigt mit der zunehmenden Stahl-
erzeugung immer mehr und die Vorräte guter Kokskohlen gehen
am raschesten zur Neige. Die natürlichen Kokskohlen sind die
Fettkohlen mit 17—27% flüchtigen Bestandteilen. Der Vorgang
der Verkokung, einer Erhitzung der Kohle auf 1000 Grad unter
Luftabschluß besteht darin, daß die Kohle schmilzt und die flüchtigen Bestandteile gasförmig als Leuchtgas entweichen. Die von
den Gasblasen herrührenden Löcher in der geschmolzenen
Kohlenmasse ergeben den schaumigen Koks. Es kommt also
darauf an, daß Erweichung und Entgasung etwa bei gleicher
Temperatur stattfinden. Das ist nur bei dem Inkohlungsgrad der
Fettkohle der Fall; bei unreiferen Kohlen zersetzen sich die
flüchtigen Bestandteile zu früh, bevor die Masse geschmolzen ist,
und in den Magerkohlen und Anthraziten sind zu wenig flüchtige
Bestandteile vorhanden.

Man hat nun festgestellt, daß die verschiedenen kohlenpetrographischen Bestandteile (Seite 12) ein verschiedenes Verkokungsverhalten zeigen. Der Vitrit für sich allein ist schon im Reifestadium der Gaskohle und noch im Reifestadium der Eßkohle kokbar, der Durit nur in dem der Fettkohle. Es ist daher möglich, vitritreiche Gaskohlen den Fettkohlen für die Koksöfen zuzusetzen. Der Fusit ist wegen seines geringen Gehaltes an flüchtigen Bestandteilen und wegen seiner Schwefelkiesführung für die Verkokung schädlich. Da er aber besonders spröde und zerreiblich ist, kann er durch eine sogenannte Windsichtung vorher weggeblasen werden.

Nach dem Verfahren von RAMMLER-BILKENROTH können neuerdings auch sehr festgepreßte Braunkohlenbriketts zu brauchbarem Hüttenkoks verarbeitet werden. Auch unter hohem Druck werden Braunkohlen kokbar, da dadurch die Zersetzung des Bitumens verzögert wird.

Kohlen, deren Bitumengehalt vorwiegend aus Wachs besteht, können durch *Extraktion* zu *Montanwachs* verarbeitet werden. Aus sehr harzreichen Schwelkohlen lassen sich Rohstoffe für die Lackherstellung gewinnen. *Die sorgfältige Untersuchung des Rohstoffes Kohle führt also zu dessen zweckmäßigster Verwendung.*

Den natürlichen Werdegang dieses Rohstoffes zu schildern, der viel komplizierter ist, als sich mancher beim Anblick eines Waggons Kohle gedacht haben mag, war der Zweck dieses Buches.

Anhang: Die Kohlenförderung und die Kohlenreserven der Erde

*Kohlenförderung in Millionen Tonnen (1954)**

Länder	Steinkohle	Braunkohle
Deutschland (W u. O)	131	269
Saargebiet	16	—
Österreich	—	6
Großbritannien	228	—

* Nach F. Friedensburg, Die Bergwirtschaft der Erde. Stuttgart 1956

Länder	Steinkohle	Braunkohle
Frankreich	54	—
Belgien	29	—
Niederlande	12	—
Spanien	14	—
Tschechoslowakei	21	36
Polen	90	7
Ungarn	—	20
Jugoslawien	—	12
Bulgarien	—	7
Sowjet-Union	265	80
Türkei	5	—
Indien	36	—
Mandschurei und China	65	—
Japan	42	—
Südafrika	29	—
USA	376	3
Canada	14	2
Australien	19	9
Erde insgesamt rund	1490	rund 460

*Kohlenvorräte in Millionen Tonnen**

Daneben in Klammern die abbauwürdigen Vorräte**

Länder und Erdteile	Steinkohle	(abbauw.)	Braunkohle	(abbauw.)
Deutschland (O u. W)	246,000	(68,050)	112,000	—
Saargebiet	9,000	(2,800)	—	—
Frankreich	8,000	(5,700)	—	—
Niederlande	5,500	—	—	—
Italien	—	—	750	—
Großbritannien	135,200	(49,000)	—	—
Spanien	6,200	—	—	—
Österreich	—	—	300	—
Tschechoslowakei	6,000	—	12,000	—

---

* Nach Kohlenwirtschaft in Zahlen, Essen 1953 u. z. T. F. Friedensburg 1956

** Nach W. Hagen, „Glückauf" 1954

Länder und Erdteile	Steinkohle	(abbauw.)	Braunkohle	(abbauw.)
Polen	96,000	—	—	—
Ungarn	—	—	1,600	—
Jugoslawien	—	—	12,000	—
Rumänien	—	—	2,700	—
Bulgarien	—	—	1,400	—
Europa insgesamt ohne Rußland	340,000	(215,000)	148,000	—
Sowjet-Union	947,000	(425,000)	300,000	—
Indien	67,000	—	2,800	—
China Mandschurei	444,000	—	2,800	—
Japan	16,000	—	470	—
Asien insgesamt ohne UdSSR	548,000	(476,000)	8,400	(6,4000)
Südafrika	68,000	—	—	—
Süd-Rhodesia	4,000	—	—	—
Afrika insgesamt	72,000	(21,000)	—	—
USA	1608,500	(700,000)	645,000	(541,000)
Canada	58,000	(38,000)	33,000	(18,000)
Amerika insgesamt	1671,000	(752,000)	705,000	(586,000)
Australien	13,600	—	41,600	(38,000)
Erde	3591,000	(1900,000)	1205,000	(775,000)

Literaturverzeichnis

1. Bücher

FRANCIS, W.: Coal. Edward Arnold. London 1954.

FREUND, H., und Mitarbeiter: Handbuch der Mikroskopie in der Technik, II/1. „Kohle", Umschau-Verlag Frankfurt a. M. 1952.

GOTHAN, W.: „Kohle" in Lagerstätten der nutzbaren Mineralien und Gesteine, Band III. Stuttgart 1937.

GUNZ-REGUL: „Die Kohle", Verlag Glückauf, Essen 1954.

JURASKY, K.: Kohle, Sammlung Verständliche Wissenschaft. Verlag Springer, Berlin 1940.

KUKUK, P.: Geologie des niederrheinisch-westfälischen Steinkohlengebietes. Springer-Verlag, Berlin 1938.

LEHMANN, H.: Leitfaden der Kohlengeologie. Wilhelm Knapp Verlag, Halle 1953.

PETRASCHECK, W.: Kohlengeologie der österreichischen Teilstaaten. Kattowitzer Verlag 1926—1929.

PETRASCHECK, W., u. W. E. PETRASCHECK: Lagerstättenlehre. Springer-Verlag Wien 1950.

PIETZSCH, K.: Die Braunkohlen Deutschlands. Borntraeger Verlag, Berlin 1925.

STACH, E.: Lehrbuch der Kohlenmikroskopie. Verlag „Glückauf", Essen 1949.

STUTZER, O.: Kohle (in Lagerstätten der Nicht-Erze). Borntraeger-Verlag, 2. Aufl., Berlin 1923.

2. Zusammenfassende Einzelabhandlungen zum Inkohlungsproblem

FUCHS, W.: Wesentliche Variable in der Systematik und in der Entstehung der Kohlen. Brennstoff-Chemie 34, Essen 1953.

HICKLING, G.: Discussion to F. M. Trotter, The devolization of coal seams in S-Wales. Abstr. Geol. Soc. London No. 1442, 1947/48. Quart. Journ. Geol. Soc. CIVj3, London 1949.

HUCK, G., u. J. KARWEIL: Physikalisch-Chemische Probleme der Inkohlung. Brennstoff-Chemie 36, Essen 1955.

PETRASCHECK, W. E.: Die tektonische Metamorphose der Kohle. Experientia XI, Basel 1955.

PETRASCHECK, W.: Die Metamorphose der Kohle und ihr Einfluß auf die sichtbaren Bestandteile derselben. Sitzber. Österr. Ak. Wissensch. Math.-Nat. Kl. 156. Band, Wien 1947.

SKOK, W. I.: Über die Stufen der Tiefenmetamorphose der Kohlenlager (russisch) izv. Ak. Nauk, geol. Ser. 6, Moskau 1954.

STAINIER, X.: Les rapports entre la composition des charbons et leurs conditions de gisements. Ann. Soc. géol. Belg. 67, Liège 1943.

SZADECKY-KARDOSS, E.: Gesteinsumwandlung und Kohlengesteine. Acta Geol. Acad. Sci. Hung. I, Budapest 1952.

TEICHMÜLLER, M. u. R.: Die stoffliche und strukturelle Metamorphose der Kohle. Geol. Rundschau 42/2, Stuttgart 1954.

— Inkohlungsfragen im Ruhrcarbon. Z. Deutsch. Geol. Ges. 99, 1949.

TROTTER, F. M.: The genesis of High Rank Coals. Proc. Jorkshire Geol. Soc. 29/4, 1954.

Sachverzeichnis